30余种新

家庭

巧种

绿色蔬菜

营养

有味有健康

慢生活工坊　编著

海峡出版发行集团
THE STRAITS PUBLISHING & DISTRIBUTING GROUP

福建科学技术出版社
FUJIAN SCIENCE & TECHNOLOGY PUBLISHING HOUSE

图书在版编目 (CIP) 数据

巧种营养绿色蔬菜 / 慢生活工坊编著 . —福州：
福建科学技术出版社，2017.10
（家中园艺丛书）
ISBN 978-7-5335-5433-0

Ⅰ . ①巧… Ⅱ . ①慢… Ⅲ . ①蔬菜园艺 Ⅳ . ① S63

中国版本图书馆 CIP 数据核字（2017）第 235063 号

书　　名	巧种营养绿色蔬菜
	家中园艺丛书
编　　著	慢生活工坊
出版发行	海峡出版发行集团
	福建科学技术出版社
社　　址	福州市东水路76号（邮编350001）
网　　址	www.fjstp.com
经　　销	福建新华发行（集团）有限责任公司
印　　刷	福建彩色印刷有限公司
开　　本	700毫米×1000毫米　1/16
印　　张	8
图　　文	128码
版　　次	2017年10月第1版
印　　次	2017年10月第1次印刷
书　　号	ISBN 978-7-5335-5433-0
定　　价	35.00元

书中如有印装质量问题，可直接向本社调换

前言
PREFACE

"偷得浮生半日闲"，亲自动手为家居添上一抹绿色，增加一段悠闲的午后时光，让生活丰富有趣。

"家中园艺"系列丛书，包括《打造别致专属花园》《营造缤纷多肉世界》《巧种营养绿色蔬菜》三册，将适合阳台种养的花草、多肉、蔬菜囊括其中，向读者展示亲自动手栽种的成就感和乐趣。

《巧种营养绿色蔬菜》第一部分概括出蔬菜栽种的各种条件和方法，如播放需要的工具、操作步骤、适合的土壤等各方面内容，让读者能学有所用。第二到第四部分列举了三十余种最适合在阳台种植的蔬菜，包含了每种蔬菜的栽种方法、浇水、施肥等个方面的内容，让读者各个击破，种出营养绿色蔬菜。

参加本书编写的人员包括：李倪、张爽、易娟、杨伟、李红、胡文涛、樊媛超、张严芳、檀辛琳、廖江衡、赵丹华、戴珍、范志芳、赵海玉、罗树梅、周梦颖、郑丽珍、陈炜、郑瑞然、刘琳琳、楚晶晶、惠文婧、赵道强、袁劲草、钟叶青、周文卿等。由于作者水平有限，书中难免有疏漏之处，恳请广大读者朋友给予批评指正。若读者有技术或其他问题可通过邮箱xzhd2008@sina.com和我们联系。

目录 CONTENTS

01
怎样种好菜

02
好吃又好玩的芽苗菜

03
收成较好的叶菜

04
味道极好的果实菜和根菜

01

怎样种好菜

如果你想要自己的小菜园生机勃勃，一片繁荣景象，那么掌握种菜的基础常识是很有必要的。

种好菜需要知道的那些小事儿

1.1

万物生长都有自己的习性和特点，植物也一样。温度、阳光、空气、土壤都是植物生长的必要条件，如果你想要自己的小菜园生机勃勃、一片繁荣，掌握种菜小常识是很必要的。

合适的温度

在适合的温度下生长，植物能够长得更高、更快、更好。大部分叶菜、根菜喜欢冷凉，所以春播、秋播都适宜；一些瓜类、果实类、豆类喜欢温暖，耐高温，夏季种植，收获会很大。有些蔬菜适合在室内种植，有些蔬菜喜欢生长在室外，不一样的品种，生长习性就不同。

中国南北方的温度差异较大，而且家庭阳台的朝向、通风条件、日照强度对温度都有一定的影响，因此选择在自家阳台种植蔬菜的时候，要依据自家阳台的温度情况选择能够适应生长的种子，选对时间种菜，这样可以大大降低管理的难度，减少病虫害的发生。

充足的光照

光照包括阳光和灯光。阳光是最好的光照，均匀、温度适宜，种植蔬菜时，应根据蔬菜对光照的要求进行选择。如茼蒿、菠菜等一些叶菜对光照要求不高，半日照的阳台也可种植；而果实类、豆类植物对光照需求比较高，就需要在全天都有日照的阳台种植。

春秋季节，光照强度不太强，植物全天都可以见阳光；夏季日照强烈时，就需要分时段的进行遮阳了，以避免阳光灼伤叶片。

流通的空气

俗话说，植物见风长，如果空气不流通或者流通不畅，植物容易生病虫害。一般阳台上空气流通性最好的地方是护栏外面，三面来风，其次是阳台内，最后是墙角处。

肥料要均衡

肥料提供一种或多种植物必需的矿物质元素，能改善土壤性质、提高土壤肥力。中国早在西周时就已知道田间杂草在腐烂以后，有促进黍稷生长的作用。《齐民要术》中详细介绍了种植绿肥的方法以及豆科作物同禾本科作物轮作的方法等；还提到了用作物茎秆与牛粪尿混合，经过践踏和堆制而成肥料的方法。

土壤要合适

疏松、透气的土壤比较适合植物的生长，肥沃的土壤能够提供更多的营养给植物，从而促进植株的生长。土壤肥沃，植物的病虫害也会比较少，因为土壤中富含的有益微生物菌能够抑制有害病菌的生长。如果播种后不发芽，其中很重要的原因是使用的土壤不透气或者出现板结现象。

浇水要充足

光、水分充足，植物才会长得枝繁叶茂。在平时的养护过程中，浇水一定要浇对，看到土壤干了就要浇水，并且要一次性浇透。尽量在早晨或者傍晚浇水，避免高温下浇水，以免损伤蔬菜根部。

1.2 寻找适宜的容器

实用型的传统容器中，瓦盆、瓷盆、紫砂盆透气性较好，只要不磕碰，能够使用十年左右，一般不会坏。所以在选择合适的容器时，可以根据个人的喜好和习惯选择不同种类的容器。

传统容器

瓦盆

透气性好，有利于根吸收氧气，价格便宜，但大多外观粗糙。

再生纸花盆

透气性好，有不同的造型，但浇水后容易留下印记，不太美观。

塑料盆

造型多样，颜色丰富，较美观。但透气性不好。

陶瓷盆

透气性不好，但可以有多种颜色和花样，比较美观。

小贴士 Tips

　　塑料盆虽然透气性不太好，但塑料盆造型多样，颜色亮丽，而且质地轻便，价格中等，是阳台种菜的好选择。

紫砂盆

透气性一般，但比较雅致，显得大气、端庄。

环保型的绿色容器

纸杯

一次性纸杯底部扎上孔，种一棵叶菜。不耐用，只能使用一次。

破烂的瓷盆

破旧的瓷盆不能再使用，可以把底部穿孔，装上土壤，一样可以作为很好的种菜容器。

水果篮

家中如有剩下的水果篮，装上土壤，一样可以种蔬菜，而且透气性比较好，但浇水过多容易漏水，可以找个大点的托盘垫在底下。

厨房器皿

厨房里的器皿有闲置的，也有废弃的，但瓷器易碎，在底部开孔需要特别小心。

饮料瓶

🔨 小贴士 Tips

环保型的绿色容器取材方便、价格便宜，但大多容器不耐用，容易损坏。而且大部分底部都没有透气孔，需要二次加工，材质比较硬的可以使用螺丝刀等工具，扎孔后，要在底部垫上一个托盘，以防浇水后漏水。

材料比较好收集，随手可得。剪掉瓶口，在底部扎孔，还可以在瓶子上部穿上2~3个孔，用线串起来，挂起来。依据大小，种上1~3棵叶菜。

① 准备好要改装的饮料瓶、剪刀、打火机、螺丝刀等工具。

② 用剪刀横着剪饮料瓶，要小心不要伤到手。

③ 剪成两部分，只留下有瓶盖的那一部分。

④ 将剪好的饮料瓶的边缘用打火机烧平滑，让边缘平滑。

⑤ 手工小工具就制作完成了。

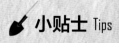

小贴士 Tips

饮料瓶也可以用来做容器，将饮料瓶瓶口截取，再用粗麻绳缠绕底部与平身，用线串联起来挂在阳台上，也是一道不错的风景线！

小菜园插牌的制作方法

【旗形小插牌】

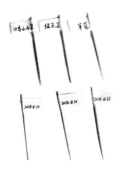

小贴士 Tips

❶ 在白纸条上写好蔬菜名称和播种日期,对折,再用胶带将纸条裹起来粘在牙签上。

❷ 再将小插排插在相应的蔬菜盆中即可。

自家阳台种菜,除了能够收获绿色有机蔬菜之外,也能收获不少的乐趣。与孩子一起亲手制作创意小插排既能锻炼孩子的动手能力,还能为自己的私家小菜园增添几分童趣。

【硬卡片插牌制作】

❶ 准备好所有能用到的工具,包括剪刀、画笔、铅笔、硬纸片、透明胶带、一根竹签或者一根一次性的筷子。

❷ 找一张厚纸板,用铅笔画出喜欢的形状并剪下来。用画笔在纸板上写好蔬菜名称。

❸ 用透明胶带把纸板粘在筷子上,插进土壤中,小插牌就算完成啦!

1.3 寻找适宜的工具

"工欲善其事，必先利其器"，想要种植出绿色放心蔬菜，其实也很简单。首先让我们来看看阳台种菜都可能用到哪些工具？

播种的工具

容器

营养土

种子

播种器

手套

自动给水器

铲子

挖苗器

浇水的工具

喷壶

水壶

施肥的工具

园艺铲

移栽的工具

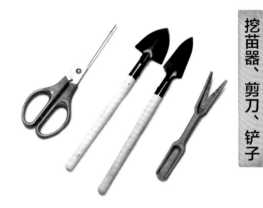

挖苗器、剪刀、铲子

保温的工具

育苗盘

保鲜膜

怎样选好土？

蔬菜生长需要的土壤一般都要求疏松、有营养、排水性好，而且还要偏弱酸性。

挑选时，要注意以下几点：

1. 土壤是否肥沃：植物的营养都来自于土壤，肥沃的土壤可以提供给蔬菜充足的养料，而且还能有效抑制病虫害的发生。肥沃的土壤一般是指有机质含量比较高的土壤，直观的表现就是土壤中有许多腐叶残体这一类的东西。

2. 土壤是否疏松：蔬菜的生长也需要充足的氧气，不仅仅是裸露在土壤表面的部分需要氧气，植物根部也需要氧气进行新陈代谢，如果土壤透气性不好，容易造成蔬菜烂根和黄叶，甚至是死亡。判断土壤是否疏松，用手攥一下，有弹性的土壤是较为疏松的。

3. 排水性好不好：若土壤的排水性不好，容易造成积水现象，使蔬菜根部缺氧，因此选择土壤时要选择排水性较好的种植蔬菜。

4. 土壤是否保水保肥：植物要从土壤中吸收水分和营养，因此种植蔬菜的土壤要有保水保肥的能力，能够保水保肥的土壤浇水后，重量明显变重，而且能够充分溶解肥料，从而把肥料转化成可吸收的营养物。

5. 土壤是否偏弱酸性：多数植物都喜欢中性或者偏酸性的土壤，一般有机质含量多的土壤不仅疏松、透气，还呈现偏弱酸性，这类土壤比较适合种植蔬菜。

🔩 小贴士 Tips

土壤一般分为壤土、沙土和黏土。壤土是种植蔬菜时最常用的一种；沙土虽然排水性能比较优良，但不够肥沃；黏土的保水保肥能力比较强，但排水性、透气性不太好，因此沙土和黏土都不是太适合种植蔬菜。

常用土壤一览表

常见土壤名称		特点
壤土	园土	一般田园、花园里的土，优点是比较常见，缺点是容易结块，透气性不好
	营养土	由厂家配好，密封好的袋装土。一般排水性、透气性比较好，而且营养丰富，推荐使用
	草炭土、泥炭土	疏松、肥沃、排水性比较好，比较适合种植植物
沙土		渗水速度快，通气性能好，保水性能差，含沙量多，颗粒粗糙
黏土		渗水速度慢，通气性能差，保水性能好，含沙量少，颗粒细腻

园土

营养土

沙土

黏土

旧土再利用

土壤用过之后不是不能再用，可以把土从盆子里倒出来，处理一下，放在阳光下暴晒，进行消毒杀菌，再掺一些新土就能再利用了。

❶ 把土从盆子里倒出来，摊开在地上。

❷ 戴上手套，把土里的植物老根、硬土块、石头拣出来，也可以用筛子筛一下。

❸ 暴晒杀菌消毒。

❹ 掺一些新的土壤，按照 1:1 的比例混合，搅拌均匀后就可以再次使用了。

小贴士 Tips

给旧土消毒的方法有很多。一种就是用阳光消毒，暴晒，这是最环保而且最简单的方法。

另外一种就是进行高温、低温处理。具体方法是：给土壤浇热水；放在锅里煮沸；用蒸锅进行蒸汽消毒。这些方法适合土壤量较少，消毒效果比较好。也可以进行低温处理，比如给土壤放到冰块里。

怎样播种

1.5

蔬菜有两种栽植方式，一种是先育苗，再移栽；一种是直接播种。初学者往往更喜欢直接购买秧苗回到家里移栽，但这样会缩小你的种植范围，因为移苗易伤害根部，影响正常发育。所以学会怎样播种是非常必要的。

集合装备

1 营养土　　　2 标签　　　3 播种器：有些蔬菜播种时需要种子排列整齐、播种均匀，单纯依靠直觉不能均匀播种。

4 挖苗器：播种时用不到挖苗器，若是移植或是幼苗种植时是个很方便的工具哦。

5 手套：种菜时经常会用到手套，不仅要准备橡胶手套，必要的话也要准备一些一次性手套，方便操作。

6 园艺铲：种菜时购买小型的园艺铲比较适合阳台种菜，轻巧方便是它最大的优点。

7 自动给水器

8 容器

9 袋装种子：农资站或者网购种子都是一种途径，网购更方便但是没有保障。推荐从农资站或花鸟市场购买种子。

10 有机肥料：种植绿色有机蔬菜，种植过程中使用有机肥料是必要的步骤。

分步操作

❶ 准备好播种需要的工具，如容器、种子、手套、铲子、营养土等。

❷ 准备好一个大小合适的空盆，最好选择排水性、透气性良好的专业种植盆。

❸ 盆中放入适量的营养土，并可以在盆底施加适量底肥，以保证肥力充足，植物生长旺盛。

❹ 若是条播，需要在土中挖好深约 1 厘米的沟，间距根据蔬菜的种类可大可小。

❺ 将种子撒入种植沟内，播种时可以使用播种器或者用手撒播。

❻ 播种后，将周围的土覆盖在种子上，厚度不用太厚，否则种子不易发芽。

❼ 播种完成后，浇充足的水，直到盆底有水流出。

🔰 小贴士 Tips

　　一般菜农在播种叶菜时喜欢撒播的播种方式，如果是阳台种菜，建议您不要撒播，尽量条播。

　　条播的叶菜因为相互之间有间距，通风较好，所以长势会很旺盛。若是撒播，种得太密不利于蔬菜生长。

育苗盆移栽方法

❶ 在即将移入种苗的土中浇适量的水。

❷ 将种苗从育苗盆中取出，如不能完整取出可用工具将苗挖出，然后种植在挖好的种植坑内。

❸ 将种苗小心地放进挖好的洞里，将周围的土培向种苗根部附近，再用手压实。

❹ 种苗移栽好后，用喷壶小水流浇向根部附近，浇到盆底有水流出为止。

❺ 将移栽好的盆放到阴凉、通风处缓苗。

小贴士 Tips

移栽种苗时，一定要挑选根系发达、茎秆粗壮的小苗，否则种苗接触到新环境容易死亡。

湿纸巾催芽法

有些不好发芽的种子可以使用湿纸巾催芽，这样能够保证种子的出芽率。

❶ 准备一个盘子，最好下面有透气孔。

❷ 备铺上两层纸巾或者是育苗纸。

❸ 用喷壶将纸巾喷湿，水只要浸湿纸巾就好，不能积水过多。

❹ 把种子整齐地排列在纸巾上。

❺ 种子的排列需要分开摆放，不重叠地平铺在纸上。

❻ 种子铺好后，用喷壶将种子喷湿。喷水时尽量使用小水流，避免把种子冲走。

❼ 用盖子或者保鲜袋把盘子包起来，放到通风凉爽的环境中。

❽ 种子催芽需要完全黑暗的环境，因此需要盖上盖子。每天打开透透气，纸巾干了要喷水保湿。

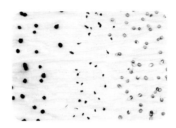

❾ 种子品种不同，发芽的时间也不同。种子发芽长出根后就能栽种到土里了。

🔧 小贴士 Tips

催芽最重要的是遮光和保湿，催芽的种子一定要放在黑暗的地方，或者找个纸箱把盘子盖起来。每天都要查看纸巾有没有干，干了的话要立即喷水，喷水时用喷壶慢慢地均匀地喷。

02

好吃又好玩的芽苗菜

芽苗菜也称"活体蔬菜"，他们的种类很多，由各种谷类、豆类、树类的种子培育而出，多达几十个品种，可以说芽苗菜是我们日常生活中品种丰富、营养全面的常见绿色蔬菜。

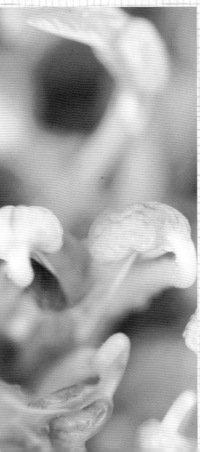
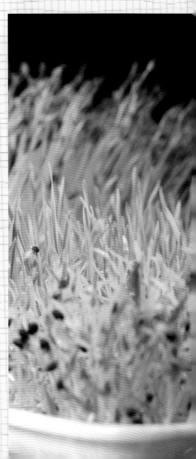

豌豆苗

培育季节：四季　种植难度 ★★☆☆☆

豌豆苗是将豌豆种子利用水培技术培育长出的芽苗。
豌豆苗体形修长，清香味美，特别适合煮汤、凉拌食用。

养护要点

1. 豌豆播种后，每天都需要 2~3 次浇水和透气，尤其是天气干燥时水不能少，否则种子会停止发芽。

2. 发芽之前一定要放在完全黑暗的地方，以模拟种子在土中的场景。

3. 浇水时要注意，水不能少，但也不能积水，否则种子容易腐烂。

【材料准备】

豌豆种子　浸泡容器　育苗盘　育苗纸　喷壶

❶ 准备好适量的豌豆种子，淘洗干净后用清水浸泡，水量是种子的两倍左右。

❷ 经过 12 个小时的浸泡，豌豆的种子已经吸饱水，豌豆种子变大了很多。

❸ 准备好一个底部带孔的育苗盘。育苗盘可从网上购买，也可自制。

❹ 在育苗盘里铺上 2~3 层的育苗纸。

❺ 用喷壶将育苗盘里的纸喷湿，但水量不宜过多，以免造成积水。喷水时需要均匀洒水，使育苗纸充分湿润。多出的水要倒出，以免影响种子发芽。

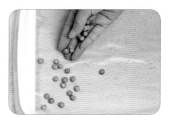

❻ 将泡好的豌豆种子均匀地撒在育苗盘内。

❼ 种子撒向育苗盘时不要重叠，均匀铺开即可。

❽ 种子平铺后，用喷壶小心地向种子喷水。喷水水流开到最小，不要将种子冲离开原位。

❾ 种子铺好后，将育苗盘的盖子盖上。

❿ 放置到阴凉、通风又避光的黑暗处，等待豌豆发芽。

🔖 小贴士 Tips

　　浸泡时间根据季节温度有所变化，夏季 12 小时左右，冬季 20 小时左右。浸泡种子时如果发现清水变浑浊，要尽快换水。

　　图中使用的育苗纸是从网上买育苗盘时商家赠送的，如果育苗盘是自制的话，育苗纸也可用普通纸巾代替。

1 天后

3 天后

5 天后

7 天后

13 天后

收获

栽植帮帮忙

豌豆第一次采摘后，可以留下一部分根，依然每天浇水、透气，3-4 天后会有惊喜出现哦！

1 天后，经过一夜的成长，豌豆开始长出白色的根须。发芽后，依然需要每天浇水、透气。

3 天后，豌豆长出了长长的尾巴。此后仍需要每天浇水透气。

5 天后，豌豆苗慢慢长出了子叶，长出了嫩黄的头，一个个直立着。此后可以在室内稍微见微光。

7 天后，豌豆苗的芽变得绿绿的，一根根直立的豌豆苗就像一片小森林里的一棵棵树。

13 天后，豌豆苗长至 15 厘米左右，已经进入了收获期。 豌豆苗可以收获喽！

收获豌豆，用剪刀距根部 4~5 厘米处剪掉豆苗。如果空间足够，还可以留下剪过的根。

凉拌是最适合豌豆苗的吃法，因为豌豆苗刚采摘下来，又嫩又清脆。水烧开后，将豌豆苗放入水中，待豌豆苗颜色变得更绿时捞出放入清水中。经过冷水的浸泡，豌豆苗的颜色青翠欲滴，让人更有食用的欲望。

空心菜苗

培育季节：四季 种植难度★★☆☆☆

空心菜苗味道鲜美，形态美丽，种植空心菜苗不仅可以收获美味，更可以收获一份好心情。

养护要点

1. 空心菜的种子皮较薄，浸泡时浸泡 10 小时即可。

2. 空心菜种子体积较小，长大后体积会变大不少。浸泡时可以少放些种子，留出多一些生长空间。

3. 每天例行浇水、透气 2~3 次。苗高 5 厘米左右即可见室内微光。

播种步骤

【材料准备】

空心菜种子　浸泡容器　育苗盘　育苗纸　喷壶

❶ 准备好适量的空心菜种子，淘洗干净后用清水浸泡，水量是种子的两倍左右。

❷ 经过长时间的浸泡，空心菜的种子已经吸饱水，有的种子没泡开可以继续浸泡。

❸ 准备好一个底部带孔的育苗盘。

❹ 在育苗盘里铺上两层育苗纸。

❺ 用喷壶均匀地将水撒向育苗盘。将育苗盘里的纸喷湿，水量不宜过多。

❻ 将种子放在手中，均匀地撒向育苗盘。

❼ 种子要平铺在育苗盘中，不能重叠。

❽ 种子放好后，将喷壶的水流开到最小，不要将种子冲离开原位。

❾ 种子铺好后，将育苗盘的盖子盖上。

❿ 空心菜播种后，将育苗盘放置到阴凉、通风又避光的黑暗处，等待发芽。

🔸 小贴士 Tips

　　浸泡时间为 10 小时左右，浸泡种子时如果发现清水浑浊，需要尽快换水。如果要用普通的纸巾代替育苗纸，使用 2~3 张纸巾（每张有 2~3 层的那种纸巾）即可。

生长过程

1 天后

3 天后

5 天后

7 天后

12 天后

收获

小贴士

空心菜生长期间，决不能缺水，否则非常容易导致空心菜苗因缺水死亡。

空心菜生长期间每天都要喷水 2~3 次，而且每次浇水之后要打开盖子透气半小时左右。如果不透气，空心菜芽苗会很容易发霉或者发臭。

1 天后，空心菜种子一粒一粒地开始发芽了。此时记得每天喷水、透气 2~3 次。

3 天后，种子开始长出了小尾巴，根须也开始长出来了。此时仍需要每天喷水、透气 2~3 次。

5 天后，空心菜慢慢长出了黄黄的子叶。种子的表皮还没有完全退去，戴在空心菜苗的头上就像一顶小帽子。

7 天后，空心菜的苗长到了 6~8 厘米，并且黄叶子也变成了绿叶子。头上依然顶着小红帽。

12 天后，空心菜苗普遍长高了许多，可以收获啦！

将种皮拿掉后，嫩嫩的空心菜苗凉拌或者烧汤皆可。

空心菜苗适合在春夏秋季节培育。

黄豆芽

培育季节：四季　种植难度★★☆☆☆

黄豆芽，是一种营养丰富又美味的蔬菜，自己发的豆芽一般比较嫩，同时根也会比市场上卖的长一点，食用的时候可以将根剪去。

养护要点

1. 黄豆芽生长期间绝对不能见光，否则容易变色，黄豆芽变成绿豆芽了。

2. 黄豆芽的芽苗跟其他的芽苗菜不同。如果是冬天，每天要用温水给黄豆芽洗个澡，到黄豆芽长出后用冷水洗最后一次，可以防止根长得过长。

3. 每次给黄豆芽浇水时要浸泡一下豆芽，然后将水倒出，再密封。

播种步骤

【材料准备】

黄豆种子　浸泡容器　育苗盘　育苗纸　喷壶

❶ 用清水清洗干净黄豆种子，再将黄豆种子用清水浸泡 12 小时左右。浸泡种子时如果发现清水变浑浊，需要尽快换水。

❷ 经过长时间的浸泡，种子已经变得又白又胖。

❸ 准备好发豆芽的容器，因为是家庭使用，所以可以就地取材。图中使用的是茶叶罐，因为密封性比较好，比较适合发豆芽。

❹ 将浸泡后的黄豆种子放置到容器中。容积小的容器内不适宜放太多的黄豆。

❺ 将黄豆全都放进容器中，尽量铺开，使种子不重叠。

❻ 黄豆种子放好后，将容器盖盖上，放在阴凉通风处等待黄豆发芽。

生长过程

1 天后，黄豆全都开始发芽，并且长出了小尾巴。此后每天浇水、透气 2~3 次。

2 天后，慢慢地，豆芽的根长了出来，仔细一看，豆芽的形状有点类似音符的形状了。

3 天后，豆芽一个个都站了起来，小小的容器已经不满足豆芽的生长了。豆芽长出来时可以降低水温，以保证根部停止生长。

5 天后，豆芽已经长出了容器口，此时可以进行收获了。

新鲜健康的小豆芽烧汤最适合，当然烧菜也是不错的，毕竟是自家种的健康无污染的放心菜。

小麦苗

培育季节：四季　种植难度★ ☆ ☆ ☆ ☆

小麦苗是一种含有 140 多种营养的超级食物。小麦苗中叶绿素的成分与健康人体中的鲜血成分相似，因此，小麦苗汁又被称为"绿色血液"，营养全面、外形美观的小麦苗值得一试哦！

养护要点

1. 从播种开始，要每天向种子喷水 2~3 次，使种子保持湿润状态但不能过多引起积水。种子发芽后，依然需要每天喷水 2~3 次并透气半小时左右。

2. 小麦苗生长前期需要避光，当芽苗高至 8 厘米左右，可见弱光。

播种步骤

【材料准备】

小麦种子　浸泡容器　育苗盘　育苗纸　喷壶

❶ 准备好适量的小麦种子，淘洗干净后用清水浸泡，水量是种子的两倍左右。

❷ 经过长时间的浸泡，种子已经吸饱水，变得肚子胀胀的。

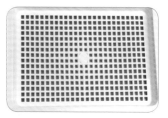

❸ 准备好一个底部带孔的育苗盘，方便排水透气。

❹ 在育苗盘里铺上两层育苗纸。

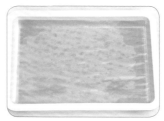

❺ 育苗盘里的纸要充分喷湿，水量充足但不宜过多。

❻ 将种子放在手中，均匀地撒向育苗盘。

❼ 种子平铺在育苗盘中，不能重叠。种子中间尽量留有缝隙以保证发芽空间。

❽ 种子放好后，盖上一层育苗纸。

❾ 然后将喷壶的水流开到最小进行浇水，不要将种子冲离开原位。

❿ 盖上育苗盘的盖子。

⓫ 盖子盖好后，密封，放在通风、黑暗的地方，等待种子破壳而出。

小贴士 Tips

　　小麦种皮比较薄，所以浸泡时间可以稍短一些，8小时左右即可。浸泡种子时如果发现清水变浑浊，需要尽快换上清水。

生长过程

1 天后　3 天后
5 天后　9 天后
7 天后

小贴士

　　小麦苗汁被称为"绿色血液"，能够提供人体所需要的均衡养分。

　　常喝小麦苗汁具有预防便秘、抑制癌细胞滋生、降低高血压等多重功效。

1 天后，小麦种子开始发芽了。每颗种子几乎都长出了十字形的白色根。此后记得每天喷水、透气。

3 天后，小麦长出了两厘米左右米黄色的小芽，嫩嫩的、小小的，非常可爱。此后每天需要 2~3 次浇水，并透气半小时左右。

5 天后，小麦芽的上部开始变为青黄色，带着水滴的小麦苗生机勃勃。此后每天依然浇水 2~3 次，透气 2~3 次，每次半小时左右。

7 天后，小麦芽的上部开始变为青黄色，带着水滴的小麦苗生机勃勃。

9 天后，小麦苗长至 10 厘米左右，即将开始收获！

小麦苗收获后，不是用来吃，而是用来喝的。可以将小麦苗洗净后放进豆浆机榨成汁。小口喝下小麦苗汁，可将一天的辛劳释放。

1天后

3天后

4天后

小贴士

　　绿豆发芽之后，会出现厚厚的外皮，此时的绿豆芽不能见光，一旦见光，叶子就会进行光合作用，产生叶绿素。叶子变绿后会失去绿豆芽的甜脆，变成苦涩的味道，口感变差。

1天后，清水浸泡过的种子一粒一粒开始发芽了。此后记得每天喷水、透气。

3天后，绿豆芽慢慢长出了小叶子，浇水时只要将覆盖在绿豆芽上的纸巾喷湿即可。

4天后，绿豆芽已经长到了7~8厘米，长出的子叶也开始慢慢张开，此时已经到了绿豆芽收获的时间。

绿豆芽经过几天的培育之后，鲜嫩多汁，既能作为汤品中的主料，也可以爆炒，让绿豆芽能成为餐桌上的美味佳肴。

萝卜苗

培育季节：四季　种植难度 ★☆☆☆☆

凉拌的萝卜苗既有芽苗菜的清香清脆，又带有萝卜的
微辣。夏季最适宜食用凉拌的萝卜苗。

养护要点

1. 夏季空气干燥，每天要保证喷 3~4
次水，每次透气 30 分钟左右。

2. 生长期间不要见光，苗高 4 厘米左右
时可以见少量的散射光。

3. 苗高 8 厘米左右可放于阳光下进行绿
化，时间约两天，然后就可以进行采收。

【材料准备】

萝卜种子　浸泡容器　育苗盘　育苗纸　喷壶

❶ 准备好一个底部带孔的育苗盘。

❷ 在育苗盘里铺上2~3层育苗纸。

❸ 用喷壶均匀地将水撒向育苗盘，水量不宜过多。

❹ 将种子放在手中，均匀地撒向育苗盘。

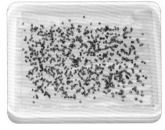

❺ 种子要平铺在育苗盘中，不能重叠。

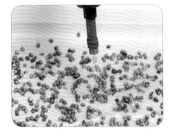

❻ 种子放好后，盖上两层纸巾，再用喷壶将纸巾喷湿。

❼ 浇好水后，将育苗盘盖子盖上。

❽ 密封，然后将育苗盘放置在阴凉、通风、黑暗的地方。

🛠 小贴士 Tips

　　萝卜种子挑选时，要剔除虫蛀、残破、畸形、霉变的，在上育苗盘之前要用清水浸泡8~12个小时，浸泡后再淘洗2~3遍，可以漂去皮上的黏液，提高成活率。

3天后

5天后

7天后

8天后

10天后

小贴士

　　萝卜苗在春秋季节的培育时间一般较短，一周就可以采摘食用；冬季温度较低，可能时间会稍微长一些。

　　萝卜苗适合凉拌食用，具有萝卜的清香和辣味，同时口感清脆，比较开胃。或者烧汤，将萝卜苗当做配料也是不错的选择。

3天后，小小的种子一夜间爆发了，长出了长长、白白的小尾巴。夏季温度高,空气干燥,一天平均要喷4次水,否则种子会停止发育。

5天后，种子发芽，可以见一些散射光，见光后的萝卜苗会慢慢由黄色变成绿色。

7天后，萝卜苗长到了5厘米左右，叶片也变得越来越大。萝卜苗芽体嫩白，芽头碧绿，组合起来非常漂亮。

8天后，萝卜苗已经长大了很多，等苗长到了7~8厘米就可以采摘收获了。

10天后，可以将萝卜苗剪切下来进行食用。

萝卜苗凉拌时加少许红辣椒丝，用香醋和其他调料调成汤汁浇在开水烫好的萝卜苗上，一道色香味俱全的小菜就做好了。

03

收成较好的叶菜

自己栽种绿色蔬菜除了体验初期播种的过程外，更希望自己播种的种子能生根发芽。那么在这部分中向大家推荐一些收成比较好的叶菜，让大家收获满满。

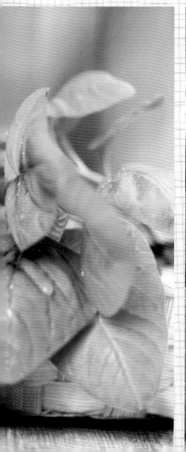

大叶茼蒿

培育季节：春秋　种植难度 ★☆☆☆☆

茼蒿比较喜欢冷凉的季节，夏季高温炎热的天气不适合茼蒿生长，而且容易长虫。春秋季节是茼蒿的生长季节。

养护要点

1. 种植茼蒿时，一般选择天气比较凉爽的季节，这样可以提高种子的发芽率。

2. 播种时已经浇透水，将花盆放置在阴凉的地方。凉爽的天气水分蒸发不快，每天只要给表层土壤浇水就好，此时浇水工具要使用喷壶，避免水流过大将种子冲出土壤。

3. 从播种到出芽前，不要晒太阳，否则种子内的胚芽会被闷坏。

种植步骤

荀蒿喜冷凉环境，生长适温为 10~20℃，宜在春秋季节种植；对光照要求不严，属于短日照蔬菜。浇水时需注意，出苗后表土不干不浇，干了要一次浇透，否则容易形成"徒长"，即苗又细又长。

1 种植方式

荀蒿一般是播种种植。荀蒿种子比较小，播种时可以与细沙掺和撒播。

2 移植

荀蒿一般不需要后期移植，除非种子过密，可以适当间苗。

3 追肥

如果在播种前已经用了足够的底肥，荀蒿快速生长时只需要浇一些液态肥。

4 收获

荀蒿在播种后40 天左右即可采摘食用。

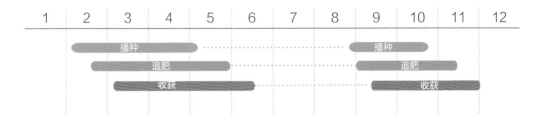

1	2	3	4	5	6	7	8	9	10	11	12

播种（2~4月）······播种（9~10月）
追肥（2~5月）······追肥（9~11月）
收获（3~6月）······收获（9~12月）

播种步骤

【材料准备】

大叶荀蒿种子　空盆　营养土　水壶

❶ 准备好大小合适的空盆。深度最好是 20~30 厘米。种植荀蒿时，选择的花盆可大可小，如果需求量比较大，可以选用大号花盆。

❷ 往花盆里装入营养土，填至距盆5 厘米左右。如果可能，在底部加入适量的底肥。

❸ 用工具在土面轻轻压出两条沟，间距 5 厘米左右，深度约为 1 厘米。

❹ 在小沟中，撒入适量的种子。

❺ 覆上表层薄薄的一层土，轻轻压实，避免浇水时种子被冲出。

❻ 浇入足够的水，直到盆底有水流出。然后，把花盆放在阴凉的地方，等待发芽。

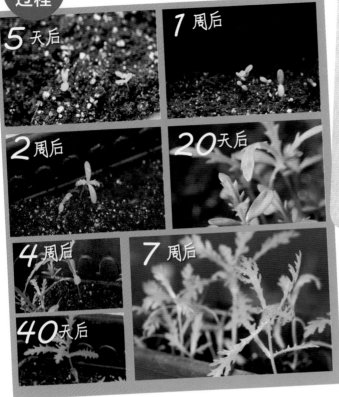

5天后

1周后

2周后

20天后

4周后

7周后

40天后

5天后，种子渐渐地发芽了。发芽后，浇水要及时，并且每次浇水都要浇到盆底有水流出。这时，需要把盆搬到有阳光的地方晒晒太阳。

1周后，小叶子慢慢在长大，逐渐地伸展开。等到大部分种子都发芽后，继续晒太阳。浇水见干见湿，即表层土壤不干不浇，浇水就要浇透。

2周后，开始有真叶慢慢长出，小茼蒿的苗长到这个时候已经进入生长期。此时浇水一次要浇足，直到盆底有水流出，多晒太阳，以免引起徒长。

20天后，大部分茼蒿苗已经长出了两片真叶，并且因为发芽早晚的原因，有的小苗明显高于其他的苗。

4周后，小苗逐渐长高，叶片也越来越长，此后，每次浇水都可以追加少量的稀肥，或者每两周施一次肥。

40天后，茼蒿已经长到15厘米左右，此时的长势正是旺盛，平时多晒太阳、多浇水，防止发生"徒长"。

7周后，茼蒿长至20厘米左右就可以收获了。

此图为茼蒿出现了病虫害，此为蚜虫，专门啃食蔬菜的嫩叶和嫩茎。蚜虫少量出现时，可以手抓除虫，大量暴发时就要及时拔掉病株，不建议使用农药除虫。

生菜

培育季节：春秋　种植难度 ★ ★ ☆ ☆ ☆

生菜是一种可以生吃的健康、美味的蔬菜。生菜喜欢冷凉气候，适合在春秋季节播种。

养护要点

1. 种植生菜时，一般推荐穴播或条播，利于后期的田间管理。将花盆放置在阴凉的地方等待发芽，凉爽的天气水分蒸发不快，每天给表层土壤浇浇水，保持湿润状态就好，此时浇水工具要使用喷壶，避免水流过大将种子冲出土壤。

2. 播种到出芽前，不要晒太阳，否则种子会被闷坏。

3. 种子发芽后，及时晒太阳和浇水，但不可多浇。

种植步骤

生菜，喜冷凉湿润的气候，生长适温为 10~25℃，对日照要求不严，就算阳台只有半天的阳光也可以轻松培育。浇水时需注意，出苗后表土不干不浇，干了要一次性浇透。

1 种植方式

生菜种植一般使用种子播种。不论是撒播还是条播都可以。

2 移植

移植生菜可以长成很大棵的生菜。生菜移植一般在 4~5 片真叶时进行移植。

3 追肥

播种前在土壤底部加一些底肥，移植之后每次浇水时再加一些液态肥即可。

4 收获

生菜的生长周期比较短，气候适宜的话，40 天左右即可采摘。

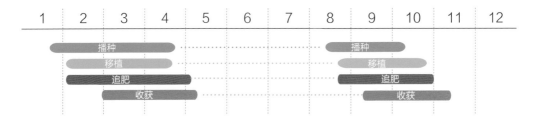

1	2	3	4	5	6	7	8	9	10	11	12

播种
移植
追肥
收获

播种步骤

【材料准备】

生菜种子　花盆　肥料　营养土　纸杯　水壶

❶ 准备好大小合适的花盆。花盆要求透气、通风，有深度。在花盆里装上营养土，压实。如果有肥料，可以在底部施底肥，给蔬菜提供充足的养分。

❷ 用纸杯将土压出深度 1 厘米左右的浅坑，间距约 8 厘米。或者可以用小铲子挖出一个个的小坑。

❸ 挖好的坑排列整齐，再向坑内浇适量的水。

❹ 播种，将种子放在手里均匀的撒向浅坑，一个坑内撒 3~5 粒种子。

❺ 用手轻轻往坑内覆上一层 0.5~1 厘米薄薄的土，刚好盖上种子为宜。将土压实。

❻ 用水壶轻轻浇水，水流不宜过大。浇水后，将花盆放在阴凉、通风处，等待种子发芽。

3天后

1周后

4周后

6周后

小贴士

生菜生长得比较快，生长期间发生病虫害的情况比较少见，但是有可能因为光照不足或者温度太高而长势不旺、生长缓慢。

笔者第一次种植生菜时因为没有特别注意生菜的生长温度，以致种植以失败告终。第二次种植时注意了光照、温度，生菜的长势明显比第一次种植时要好。

3天后，种子发芽了。大部分种子长出了两片小叶子，整齐地排列着，非常可爱。

1周后，叶子慢慢地长出来了，就像长出了两只手，在接收更多的阳光和雨露。此时，可以将花盆从阴凉的地方搬到阳光充足的地方，给蔬菜增加点正能量。伴随生菜长大的还有其他的杂草，如果这时候还分不清杂草和蔬菜，可以不用急着除草，等长大以后能分清时再除草。

4周后，慢慢地长出了生菜的形态，浇水还是要注意，表层土壤变干或者盆的重量明显变轻时才要浇水，并且要浇透，直到盆底有水流出。

6周后，生菜叶子越长越大，再过一段时间就可以采摘食用了。

自家的阳台种出的菜无污染，质量又好，而且非常嫩。在种菜过程中还能感受亲身种植的喜悦，收获的喜悦更是无可比拟。刚刚采摘的生菜叶子非常细嫩，加上沙拉酱，就是一道美味的生菜沙拉；配上培根，又是另一种口味。

青梗小白菜

培育季节：四季　种植难度 ★ ☆ ☆ ☆ ☆

青梗小白菜种植简单，且种植成功后能多次收获，适合在春秋季节播种或种苗种植。

养护要点

1. 种子发芽前，最好不要晒太阳，温度太高影响种子发芽。

2. 播种到发芽前要保持土壤表面湿润状态，减轻种子发芽出土的压力。

3. 虽然小白菜可以四季种植，但是小白菜种植的最佳时期是春秋两个季节，夏季高温容易发生病虫害，冬季气温低，不适合叶菜生长。

种植步骤

青梗小白菜属于比较容易收获的菜类，具有适应性强、耐热、耐寒等特点。其抗病虫能力强，尤其是在伏天病虫发生期，受害率显著低于其他品种。

1 准备种苗

青梗小白菜用撒播和条播两种播种方法都可以。

2 移植

青梗小白菜不需要移植，当青菜长到15厘米高左右时即可采摘。

3 追肥

叶菜类基本不用后期追肥。

4 收获

青梗小白菜生长期较短，一般35~45天即可收获。

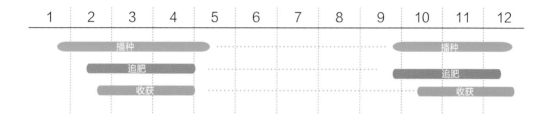

| 1 | 2 | 3 | 4 | 5 | 6 | 7 | 8 | 9 | 10 | 11 | 12 |

播种　　追肥　　收获　　　　　　　　　　播种　追肥　收获

播种步骤

【材料准备】

青梗小白菜种子　空盆　营养土　小铲子　水壶

❶ 准备好合适的空盆，尽量选择透气、通风、透水性好的花盆。

❷ 将营养土放入盆中，轻轻压实。

❸ 在花盆内用小铲子开两条深约1厘米的浅沟。

❹ 将种子均匀地撒在沟内，小白菜的种子可以多撒一些，后期可以多次收获。

❺ 用手将种植沟周围的土覆上，厚度1厘米左右。并轻轻压实，以免浇水时种子被冲出土层。

❻ 浇透水，直到盆底的孔有水流出。然后，放在阴凉处等待发芽。

1 周后　　2 周后

3 周后　　4 周后

6 周后

1 周后，种子陆续发芽了。浇水要及时，看到表层土壤颜色变浅或盆明显变轻时需要浇水，每次浇水都要浇足，直到盆底有水流出。

2 周后，大部分种子发芽，小苗继续长高。从此时起，每次浇水都可以追加稀肥，以保证菜苗的健康成长。浇水还是要一次浇透。

3 周后，青梗小白菜长出了第一对真叶。浇水要充足，此时阳光也要充足。否则小白菜容易形成徒长。

4 周后，菜苗普遍长到了 7~8 厘米高，大部分都长出了真叶。每次浇水要浇充足，多晒太阳，勤施肥，同时要注意病虫害。

6 周后，青梗小白菜到了收获的季节。小白菜的叶片已经变得很大，可以收获了。

收获的季节，青梗小白菜的生长期一般是 35~45 天，种在土里除了需要不定时地浇水，几乎不用再花费精力。因此，它是一种新手老手都很喜欢在阳台种植的蔬菜。

收获青梗小白菜时直接用手拔出比较好，拔出时将根上粘的土抖掉，留下的土下次可以继续使用。

黄金小白菜

培育季节：春秋　种植难度★☆☆☆☆

黄金小白菜种植简单，适合在春秋季节种植，能多次收获。

养护要点

　　1. 播种后不要直接晒太阳，温度太高会影响种子发芽。

　　2. 播种后到发芽前要保持土壤表面湿润，减轻种子发芽出土的压力。

　　3. 每次看到土壤颜色变浅或花盆重量明显变轻，要浇充足的水。

种植步骤

黄金小白菜是一种最新型的小白菜品种，其品质柔嫩，口感甜脆，极适于炒食及做汤。黄金小白菜生育强健，生长特别迅速，播种后三周左右开始采收，产量很高，品种耐寒又耐热，不易小株抽薹，适于春、夏、秋阳台及冬季室内栽培。

1 准备种苗

黄金小白菜可以直播也可育苗移栽。直播较为常用，分为撒播和条播两种播种方法。

2 移植

如果想要黄金小白菜长得大一点，可以选择小苗长出3~5片真叶时移植。

3 追肥

黄金小白菜生长期较短，一般不用追肥，只要在播种时加足底肥即可。

4 收获

当黄金小白菜长大之后，可以连根拔起。

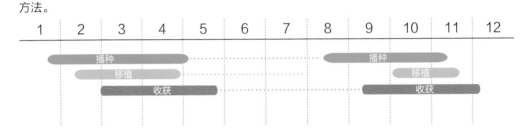

| 1 | 2 | 3 | 4 | 5 | 6 | 7 | 8 | 9 | 10 | 11 | 12 |

播种
移植
收获
播种
移植
收获

播种步骤

【材料准备】

黄金小白菜种子　空盆　营养土　水壶

❶ 准备一个大小合适的空盆，要求要透气、排水性好。

❷ 向盆内装入适量的营养土。若花盆太深，土的厚度约为 20 厘米。

❸ 用手或者木棍轻轻压出两条深约 1 厘米的沟，间距 10 厘米左右。

❹ 把种子放在手里，均匀地洒向沟内，如果种子太小，可以与沙掺和一起撒到种植沟里。

❺ 用手轻轻地给种子覆上一层薄薄的土，并用手轻轻压实。

❻ 土覆好后浇充足的水，直到盆底有水流出。再把花盆放到阴凉的地方等待种子发芽。

生长过程

5 天后

8 天后

10 天后

15 天后

20 天后

小贴士

小白菜在夏季高温湿热的天气中很容易发生病虫害。一发生大面积的病虫害，不用农药基本上是不能灭杀虫子的。

阳台种菜本就希望吃到健康菜，所以出现小面积的虫害时，可以使用物理方法进行杀虫。

发现大青虫用手抓即可。发现蚜虫、红蜘蛛等，可以用辣椒水或者大蒜水杀虫。

5 天后，种子发芽了。浇水一次性浇充足，这时可以多晒太阳了。

8 天后，大部分种子都慢慢地发芽了，小苗开始长高。

10 天后，小苗们都在欢快地舒展，慢慢地开始长出真叶。

15 天后，小白菜的长势良好，此时小白菜争先恐后地生长着，植株太密，可以适当地间苗，以改善通风。

20 天后，黄金小白菜长大了，可以进行采收工作啦，先拔掉长大的小白菜，留下弱小的继续生长。

蔬菜生长过程中难免发生病虫害，一般青菜长的虫都是蝴蝶产的卵，如果看到青菜上长了小虫子不需要喷洒农药，看到虫子捉掉就好了。

四季上海青

培育季节：春秋　种植难度 ★ ★ ☆ ☆ ☆

上海青的特点是每一片叶都是碧绿的，每一片叶子的帮白部分都是嫩白的，吃起来清甜可口，看起来颜色清爽。

养护要点

1. 播种后将菜盆放在避光通风处，不要直接晒太阳，温度太高会影响种子发芽。

2. 播种后到发芽前要保持土壤表面湿润，减轻种子发芽出土的压力。

3. 每次看到土壤颜色变浅或花盆重量明显变轻时，要浇充足的水。

种植步骤

上海青，喜冷凉，在18~20℃、光照充足下生长最好。有些品种也可在夏季栽培，栽培时必须按季节选择适当的品种。栽培土壤以沙质壤土为佳，浇水时需注意，出苗后表土不干不浇，干了要一次性浇透，否则容易形成"徒长"。

1 种植方法

上海青在小青菜中属于体型稍大一些的，一般采用播种方式种植。

2 移植

上海青在生长过程中，间苗或者移植都可以，一般在3~5片真叶时移植最佳。

3 追肥

当上海青长到了4~6片真叶时就可以勤施薄肥了。

4 收获

上海青可根据需要进行收获，一般播种后30~40天是上海青的最佳收获期。

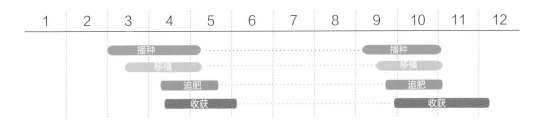

1	2	3	4	5	6	7	8	9	10	11	12

播种（3~5）…… 播种（9~10）
移植（3~5）…… 移植（9~10）
追肥（4~5）…… 追肥（9~10）
收获（4~5）…… 收获（9~11）

播种步骤

【材料准备】

四季上海青种子　空盆　营养土　水壶

❶ 准备好合适的空盆，排水性和透气性良好的花盆适合所有的蔬菜种植。

❷ 向盆中装入适量的营养土，轻轻压实，把土面整平。

❸ 将种子放在手中，均匀地撒向土面。

❹ 覆上一层薄薄的土，厚度0.5~1厘米，以保证种子能够透气并顺利发芽。

❺ 浇足够的水，直到盆底的孔有水流出。

发芽前，保持土壤湿润，减轻种子的破土压力。出苗后，土壤颜色变浅或者盆变轻时需要浇水。每次浇水要浇透，直到盆底有水流出。

生长过程

1周后

2周后

3周后

4周后

6周后

小贴士

　　较嫩的蔬菜一般都会发生虫害，出现较轻症状的时候可以用毛笔蘸水或者用手直接将虫子刷掉后杀死。出现较大面积的虫害时就需要药物杀虫，阳台种植不推荐使用农药，可以使用辣椒水、大蒜水、烟灰水喷蚜虫，如果效果不明显，只好放弃，重新种植。

1周后，种子发芽了。因为出芽时间不固定，所以仍要保持土壤表面湿润。浇水时尽量使用喷壶，小水流浇水不会让芽苗倒地。

2周后，大部分种子已经发芽，并且冒出了头，长得较快的已经长出了真叶。此时可以多晒太阳，浇水一次浇透，直到盆底有水流出。

3周后，大多数菜苗长出了真叶，真叶一般是成对长出，此后每次浇水后就可以施一些肥料或者发酵的淘米水，以保证苗的成长。

4周后，小苗逐渐地生长，已经长到了七八厘米高，叶片开始舒展开，可吸收更多的太阳能量。

5周后，青菜长势良好，如果勤浇水施肥，青菜的长势会更好。

6周后，终于可以收获啦，收获时直接用手摘取青菜，既方便又可以近距离观察自己种的菜。

上海青生长过程中，遇到了害虫蚜虫的袭击，叶子背面几乎长满了透明状的蚜虫。

蚜虫少量出现时手抓，大量暴发时要及时拔除病虫植株。

四季小白菜

培育季节：四季　种植难度 ★ ★ ☆ ☆ ☆

四季小白菜种植简单，而且一年四季都可以种植。属于常见的小青菜品种。

养护要点

1. 播种之后，保持表层土壤湿润，将花盆放在通风避光处，否则种子发芽太慢。

2. 每次浇水的时候可以混合一些尿液、茶叶水和淘米水，薄肥勤施的话，叶菜的生长速度会非常快。

3. 夏季是各种虫害的暴发期，自己阳台种菜不推荐使用农药。所以夏季尽量少种叶菜类蔬菜。

种植步骤

四季小白菜栽培适宜温度 20~28℃，长江以南地区一年四季均可露天栽培，长江以北地区，只有春、夏、秋三季可露天栽培，冬季则可以在保护地栽培。其特点是分批播种，陆续采收。

1 准备种苗

四季小白菜一般采用的播种方式，有条播或点播两种方法。

2 移植

如果想要四季小白菜长的大一点，可以选择在小苗长出 3~5 片真叶时移植。

3 追肥

四季小白菜生长期较短，一般不用追肥，只要在播种时加足底肥即可。

4 收获

当四季小白菜长大之后，可以连根拔起。

| 1 | 2 | 3 | 4 | 5 | 6 | 7 | 8 | 9 | 10 | 11 | 12 |

播种　移植　播种　移植　收获

播种步骤

【材料准备】

四季小白菜种子　空盆　营养土　木棍　水壶

❶ 准备一个大小合适的空盆，要求要透气、排水性好。

❷ 向盆内装入适量的营养土。若花盆太深，土的厚度约为 20 厘米。

❸ 用手或者木棍轻轻压出两条深约 1 厘米的沟，间距 10 厘米左右。

❹ 把种子放在手里，均匀地洒向沟内，如果种子太小，可以与沙掺和一起撒到种植沟里。

❺ 轻轻在种子覆上一层薄土，并用手轻轻压实。

❻ 土覆好后浇充足的水，直到盆底有水流出。再把花盆放到阴凉的地方等待种子发芽。

生长过程

5 天后

9 天后

13 天后

18 天后

23 天后

30 天后

小贴士

　　四季小白菜植株生长周期短，速度快，出苗后 25~30 天，植株高达 25 厘米左右即可收获。叶柄透绿，叶表面光滑，圆叶无毛，纤维少，品质优，食用时柔软爽口。抗病性强，耐寒耐热。

5 天后，陆续有种子发芽，长出黄黄嫩嫩的小芽苗。

9 天后，大部分种子都慢慢地发芽了，小苗开始长高。此时一定要多浇水，一次要浇充足，可以多晒太阳。

13 天后，小苗们都在欢快地舒展，慢慢地开始长出真叶。

18 天后，四季小白菜的长势良好，此时小白菜争先恐后地生长着，植株太密，可以适当地间苗，从而达到改善通风的效果。

23 天后，经过间苗，四季小白菜的长势更快。

30 天后，四季小白菜长大了，可以进行采收工作啦，先拔掉长大的小白菜，留下弱小的继续生长。

夏季高温、雨水过多时，在室外放置的小白菜常会出现死苗现象，或沤根，或软腐病。因此栽种四季小白菜的容器一定要排水通畅，防止积水。如果发生了软腐病，要及时拔除病株。

菠菜

培育季节：春秋　　种植难度★☆☆☆☆

菠菜喜冷凉气候，种植菠菜适宜选择在春秋天播种，夏季天气炎热，菠菜容易抽薹，而且不容易长大。

养护要点

1. 播种后不要直接晒太阳，温度太高会影响种子发芽。

2. 播种后到发芽前要保持土壤表面湿润，减轻种子发芽出土的压力。

3. 每次看到土壤颜色变浅或花盆重量明显变轻，要浇充足的水。

种植步骤

菠菜，喜冷凉，在 18~20℃，光照充足下生长最好。温度过高或光照不足容易形成徒长、抽薹等现象。菠菜种植最好选择春、秋两季。浇水时需注意，出苗后表土不干不浇，干了要一次性浇透，直到盆底有水流出。

1 种植方式
菠菜种植一般采用播种方式进行。菠菜既可撒播也可条播，播种后覆不覆土均可。

2 移植
菠菜一般不用移植，前期撒播种子时将种子留有一定的间距。

3 追肥
菠菜生长期较短，一般不用追肥，播种时加足底肥即可。

4 收获
菠菜长到一定的阶段就可以整棵收获。

1	2	3	4	5	6	7	8	9	10	11	12

播种 .... 播种
移植 .... 移植
收获 .... 收获

播种步骤

【材料准备】
菠菜种子　空盆　营养土　小铲子　水壶

❶ 准备好合适的空盆，排水性和透气性良好的花盆适合所有的蔬菜种植。

❷ 向盆中装入适量的营养土，轻轻压实，把土面整平。

❸ 用木条或者小铲子轻轻压出两条沟，间距 8 厘米左右，深度 1 厘米左右。

❹ 将种子放在手中，均匀地撒向沟内。

❺ 覆上一层薄薄的土，厚度 0.5~1 厘米，以保证种子能够透气并顺利发芽。

❻ 浇足够的水，直到盆底的孔有水流出。

生长
过程

5天后

1周后

10天后

2周后

4周后

6周后

40天后

小贴士

应对菠菜的过早抽薹，有两种比较有效的方法：

1. 选择夏菠菜，5~7月分期播种，6月下旬~9月中旬陆续采收，宜选用耐热性强、生长迅速、不易抽薹的种子，如华波1号、春秋大叶、广东圆叶等。

2. 菠菜发芽后，控制光照时间和强度，晚上避开家庭的灯光，防止菠菜夜间生长。

5天后，种子慢慢发芽了，一个个露出了头。当大部分种子都发芽，可以将花盆放在阳光下，给蔬菜提供充足的阳光。

1周后，小叶子逐渐长大。此时需要多晒太阳，浇水时不干不浇，表层土壤变干，一次浇透，直到盆底有水流出。

10天后，小叶子开始慢慢弯曲，逐渐长高。继续晒太阳，浇水见干则浇，浇则浇透。

2周后，长出了可爱的小真叶。此后每次浇水可以适当追加稀肥或者用发酵后的淘米水浇灌蔬菜。

4周后，菠菜的长势还不错。大部分已经长到了10厘米左右。由于植株过于稠密，下面见不到阳光的长得都比较小，此时可以把长大的摘掉，留下小的继续生长。

40天后，大部分菠菜的叶子已经长大。想要品尝自己伸手种植的蔬菜，趁现在！嫩嫩的叶片，凉拌、烧汤都可以，但不适合炒菜。

6周后，剩下的小菠菜也已经长成了大菠菜。这时，可以一起收获，直接连根拔起，吃的时候将根去除。

抽薹
tái

菠菜生长后期，大部分菠菜都出现了抽薹现象。较早的抽薹原因有两个：一是因为光照时间过长；二是临近夏季，阳台温度过高。

木耳菜

培育季节：春秋　种植难度★★☆☆☆

木耳菜滑滑的口感受到大家的欢迎、木耳菜可以培植成爬藤，在夏季温度稍微高一些的时候形成一道绿色的帘子。

养护要点

1. 播种后不要直接晒太阳，温度太高会影响种子发芽。

2. 播种后到发芽前要保持土壤表面湿润，减轻种子发芽出土的压力。

3. 每次看到土壤颜色变浅或花盆重量明显变轻，就要浇充足的水。

4. 木耳菜的种子外壳比较厚，发芽较慢。播种前最好先将种子放在清水里浸泡8~10小时，然后低温催芽，否则出芽率极低。

木耳菜，喜温暖和阳光，因食用口感与木耳一般清脆而得名。南方温度适宜可以一年四季种植，北方寒冷，春秋季节播种比较适宜。为了提高发芽率，可以在播种前浸泡种子 12 小时左右。

为便于出苗，可于种子播前浸泡 1~2 天，在 30℃左右温度条件下催芽。播后 40 天左右苗高 10~15 厘米即可采收。在 28℃左右适温下 3~5 天出苗，如地温偏低应催芽后播种。苗期控制适当低温。

1 种植方式

木耳菜一般采用播种方式播种，以穴播的方式较好。

2 移植

木耳菜发芽之后，当长到有 3~5 片真叶时就可以进行移植。

3 追肥

播种前期将底肥加足，之后每次浇水都可以加一些液态肥。

4 收获

当叶子长大之后就可以摘叶食用，如果想让木耳菜爬藤就不要摘头。

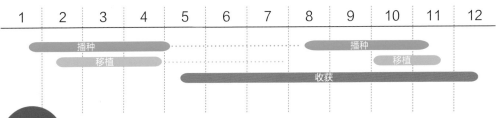

| 1 | 2 | 3 | 4 | 5 | 6 | 7 | 8 | 9 | 10 | 11 | 12 |

播种 　　　　　　　　　　　　　播种
移植　　　　　　　　　　　　　　　　　　移植
　　　　　　　　　　收获

【材料准备】

木耳菜种子　空盆　营养土　木棍　播种器　水壶

❶ 准备一个大小合适的空盆，要求要透气、排水性好。

❷ 向盆内装入适量的营养土。若盆太深，土的厚度约为 20 厘米。

❸ 用手指或木棍轻轻压出几个约 1 厘米深的小坑，间距 10 厘米左右。

❹ 把种子放在播种器里，均匀地洒向坑内。

❺ 用手轻轻地给种子覆上一层 1~2 厘米薄薄的土，并用手轻轻压实。

❻ 土覆好后浇充足的水，直到盆底有水流出。再把花盆放到阴凉的地方等待发芽。

10 天后，大部分种子都慢慢地发芽了，小苗开始长高。此后浇水要一次性浇足，这时可以多晒太阳了。

2 周后，叶子慢慢地舒展开，脱离了最初的形状，长出了细长的叶子。浇水依然要观察表层土壤的颜色以及花盆的重量。

6 周后，木耳菜慢慢成长，长出了第三片叶子，也是木耳菜的第一片真叶。细长的叶子向上伸展着，仿佛在努力接收更多的阳光。

图中出现的是阳台种植使用的小型播种器。相比较传统的播种方式，播种器具有播种均匀、行距稳定、节省种子、工作效率高等特点。

经过播种器播种的蔬菜一般都比较整齐、均匀。

四季鸡毛菜

培育季节：四季　　种植难度 ★ ☆ ☆ ☆ ☆

四季鸡毛菜一般在很小的时候就可以采摘食用，而且对气候的要求不高。需要注意的是夏季高温时要防虫害。

养护要点

1. 播种后不要直接晒太阳，温度太高会影响种子发芽。

2. 播种后到发芽前要保持土壤表面湿润，减轻种子发芽出土的压力。

3. 每次看到土壤颜色变浅或花盆重量明显变轻，要浇充足的水。

种植步骤

四季鸡毛菜，性喜冷凉，较耐低温和高温，种子发芽适温 20~25℃，冬季菜的口感更好，推荐秋、冬季节种植。喜欢阳光，阳光不足容易徒长。

1 种植方式

四季鸡毛菜播种使用种子撒播即可。

2 移植

如果想要鸡毛菜长成大青菜，可以在小苗长出 3~5 片真叶时移植。

3 追肥

四季鸡毛菜不需要后期追肥，只要前期有底肥就可以。

4 收获

四季鸡毛菜差不多 40 天左右就可以收获食用。

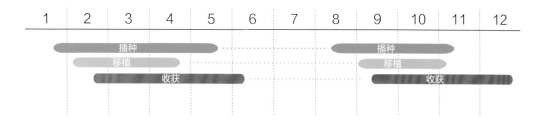

| 1 | 2 | 3 | 4 | 5 | 6 | 7 | 8 | 9 | 10 | 11 | 12 |

播种　移植　收获

播种步骤

【材料准备】

四季鸡毛菜种子　花盆　有机肥　营养土　育苗纸　喷壶

❶ 准备一个透气性好、排水优良、大小合适的花盆。

❷ 向花盆内装入适量的营养土，也可以掺入一些有机肥作底肥。营养土填至距花盆边缘 5 厘米处，压实。

❸ 将种子放在手里或者放入播种器中，均匀地撒向土里，间距 1~3 厘米。

❹ 用铁铲向撒过种子的土壤再覆盖一层薄薄的土，厚度约 1 厘米。盖住种子即可，太厚容易闷坏种子。

❺ 向土壤中浇水，第一次浇水可以选择在播种前，也可选择在播种后，只要浇充足即可。

5天后
10天后
3周后
30天后

5 天后，种子发芽了。经过 5 天的等待，鸡毛菜的种子开始发芽了，先是一个个的小黄芽露出头，慢慢地叶子展开，逐渐长成了一个芽的形状。

10 天后，鸡毛菜慢慢地长大。已经长出了一对真叶。这时候可以将盆放在阳光充足的地方，让芽苗尽情地吸收阳光。

3 周后，小叶子越长越多，大部分菜苗都进入了快速生长期。浇水时注意表层土壤的颜色，明显变浅时，开始浇水，并要浇透。

30 天后，鸡毛菜可以收获了！

水壶在种植蔬菜过程中用处也很广泛，一般用在播种之前的浇水环节。水壶的优势是出水量大，盛水量多等，但不适合用在种子发芽前浇水，水流过大会把种子冲出土层，影响种子发芽和蔬菜生长。

浇水的工具较多，阳台种菜用得最多的是喷壶，喷壶的优点是水流可以自己控制，可大可小，在蔬菜和花卉种植中非常常见。同时喷壶也有很多缺点，如出水量太小，需要大量水时，喷壶的出水量似乎有点不够用。

小喷壶在蔬菜成长过程中也发挥着不小的作用，种子发芽前需要保持表层土壤的湿润，但又不能使用太大的水壶进行浇水，小喷壶的水流较细，在湿润土层时绝对是一个好帮手。

油菜

培育季节：春秋　种植难度★★☆☆☆

油菜是北方的称呼，一般南方称油菜为小青菜，几乎四季都可以种植。

养护要点

1. 播种后不要直接晒太阳，温度太高会影响种子发芽。

2. 播种后到发芽前要保持土壤表面湿润，减轻种子发芽出土的压力。

3. 每次看到土壤颜色变浅或花盆重量明显变轻，要浇充足的水。

种植步骤

油菜，喜冷凉，抗寒力较强，生长适温在 20~25℃，比较适合春秋季节播种，夏季温度过高容易引起病虫害，同时生长速度也会变慢。

① 准备种苗

油菜可以直播也可以育苗盆播种，大面积用直播，小面积以育苗为主。

② 间苗

种子发芽后，如果拥挤，要逐步间苗。

③ 追肥

间苗后可以补充肥料。

④ 收获

当油菜长至 15~20 厘米，就可以直接连根拔起食用了。

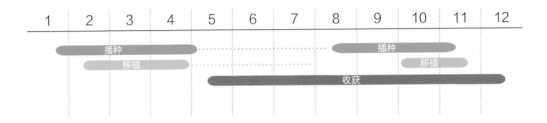

播种步骤

【材料准备】

油菜种子　空盆　营养土　水壶

❶ 选择一个种菜空盆，塑料、陶瓷的均可，要求具有排水功能。

❷ 向盆内装入适量的营养土，土的厚度约为 20 厘米。

❸ 用木棍在营养土上轻轻压出两条深约 1 厘米的沟，间距 10 厘米左右。

❹ 把种子放在手里，均匀地洒向沟内。

❺ 覆上一层薄薄的土，并用手轻轻压实。

❻ 土覆好后浇充足的水，可以用浸盆法也可直接用水壶浇水。

生长过程

1周后　　10天后

2周后　　4周后

5周后　　6周后

小贴士

　　夏季的青菜最容易长虫子，发生病虫害，所以夏季高温来临前要做好防虫准备。

　　一般物理防虫可以使用黄板进行诱杀，只要在菜上方挂上黄板，一般的虫子会受到黄色的吸引扑上黄板。

1周后，油菜种子开始萌芽，再次浇足水，就可以接受光照了。

10天后，大部分种子陆续发芽，形成郁郁葱葱之景。

2周后，油菜长势初具规模。

4周后，油菜的长势良好，此时油菜争先恐后的生长着。植株太密，需要适当地间苗。

5周后，第一次间苗后要适当的添加肥料，补充营养。

6周后，可以进行采收工作啦，先拔掉长大的油菜，留下弱小的继续生长。

在 10% 的猪胆液（较浓的具有苦味的有色液汁）中加入适量的小苏打或洗衣粉，直接喷施于受蚜虫、青菜虫危害的蔬菜植株上，能有效地杀灭害虫。

四季香甜油麦

培育季节：春秋　种植难度★★☆☆☆

油麦菜喜欢冷凉的气候，所以春季播种时尽量稍早一些。一旦进入夏季，油麦菜会受到温度影响，品质下降。

养护要点

1. 播种后不要直接晒太阳，温度太高会影响种子发芽。

2. 播种后到发芽前要保持土壤表面湿润，减轻种子发芽出土的压力。

3. 每次看到土壤颜色变浅或花盆重量明显变轻，要浇充足的水。

种植步骤

四季香甜油麦，性喜冷凉，喜欢温暖光照，种子发芽适温 20~25℃。阳光不足容易徒长，温度太高时，幼苗靠近土面的茎部容易变细枯萎，所以夏季种植产量比较低，春秋季节种植较为适合。

1 种植方式

香甜油麦的种植方式是播种种植。

2 移植

油麦也可以育苗培育，等到油麦长到 4~5 片真叶时可以移植。

3 追肥

油麦移植 10 天左右就可以适当地追肥。

4 收获

油麦菜大约 40 天就可以采摘收获了。

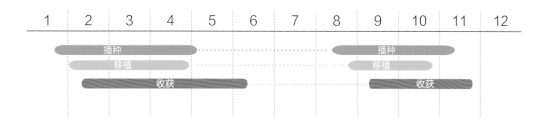

播种步骤

【材料准备】

甜油麦种子　空盆　营养土　水壶

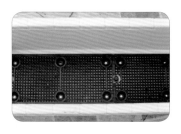

❶ 准备一个大小合适的空盆，要求透气、排水性好。

❷ 向盆内装入适量的营养土。土的厚度约为 20 厘米。

❸ 用手或者木棍轻轻压出两条深约 1 厘米的沟，间距 10 厘米左右。

❹ 把种子放在手里，均匀地洒向沟内。

❺ 用手轻轻的给种子覆上 1~2 厘米一层薄薄的土，并用手轻轻压实。

❻ 土覆好后浇充足的水，直到盆底有水流出。再把花盆放到阴凉的地方等待发芽。

1 周后，种子发芽了。浇水要一次浇充足，这时可以多晒太阳了。

10 天后，大部分种子都慢慢地发芽了，小苗开始长高。

2 周后，小苗们都在欢快地舒展，慢慢地开始长出真叶。

4 周后，小菜苗的长势良好，但因为撒播不均匀，油麦菜苗有些密集，此时需要间苗以改善通风条件。

5 周后，油麦菜慢慢长大，差不多可以采摘食用了。

6 周后，可以进行采收工作啦，将油麦菜拔出来，嫩嫩的油麦菜既能凉拌生吃，也可以烧汤。

红苋菜

培育季节：春秋　种植难度★☆☆☆☆

红苋菜喜欢冷凉的气候，夏季炎热，生长比较慢。所以春秋季节比较适合种植，而且不容易发生病虫害。

养护要点

1. 播种后不要晒太阳，将花盆放置在阴凉、通风处。

2. 播种后到发芽前要保持土壤表面湿润，使用喷壶小水流浇水，减轻种子出土的压力。

3. 每次看到土壤颜色变浅或花盆重量明显变轻时，要浇充足的水。

种植步骤

红苋菜喜温暖，较耐热，生长适温 23~27℃，对空气湿度要求不严，属短日照蔬菜。在高温短日照条件下，易抽薹开花。适宜春末夏初种植，适宜阳台种植。要求土壤湿润，平时浇水时需注意，不能少但也不能过多。

1 种植方法

红苋菜使用种子播种即可，一般采用撒播的方式。

2 移植

红苋菜属于粗放型蔬菜，不需要移植也能长出很大棵。

3 追肥

红苋菜发芽之后，每次浇水可以加少量液态肥以促进生长。

4 收获

红苋菜可以多次收获，第一次吃时将头剪掉，再过几天又会长出新的叶子来。

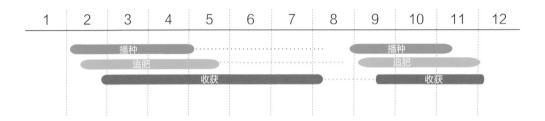

| 1 | 2 | 3 | 4 | 5 | 6 | 7 | 8 | 9 | 10 | 11 | 12 |

播种／追肥／收获

播种步骤

【材料准备】

红苋菜种子　空盆　营养土　水壶　橡胶手套

❶ 准备好合适的空盆，排水性和透气性良好的花盆适合所有的蔬菜种植。

❷ 向盆中装入适量的营养土，轻轻压实，把土面整平。

❸ 向盆内浇入足量的水，直到盆底有水流出。

❹ 将种子放在手中，均匀地撒向土里。种植间距为 1~3 厘米。

❺ 覆上一层薄薄的土，厚度 0.5~1 厘米，以保证种子能够透气并顺利发芽。

生长过程

7天后

10天后

20天后

30天后

40天后

70天后

7天后，种子开始陆续破土而出。浇水一次要浇充足，这时可以多晒太阳了。

10天后，大部分种子慢慢地发芽了，小苗开始长高。

20天后，小苗们都在欢快地舒展，慢慢地开始长出真叶。这时开始，见干浇水，每次浇水需浇充足，直到盆底有水流出。

30天后，红苋菜长势良好。若植株太密，可以适当地间苗，改善通风条件。

40天后，第一次间苗后要适当地添加肥料，补充营养。

70天后，红苋菜基本长成，可以食用。

8周后叶子长得密密的，不利于通风，因此需要间苗以改善通风和光照条件。

绿苋菜

培育季节：春秋　　种植难度 ★★☆☆☆

绿苋菜是苋菜的一种，一般适合在春秋季节种植。夏季高温时不适合种植，温度过高会影响植物生长。

养护要点

1. 播种后不要晒太阳，将花盆放置在阴凉、通风处。

2. 播种后到发芽前要保持土壤表面湿润，使用喷壶小水流浇水，减轻种子发芽出土的压力。

3. 每次看到土壤颜色变浅或花盆重量明显变轻，要浇充足的水。

种植步骤

绿苋菜，较耐热，生长适温 20~27℃，对空气湿度要求不严，属短日照蔬菜。适宜春末夏初种植，适宜阳台种植。要求土壤湿润，平时浇水时需注意，不能少但也不能过多。

1 种植方式

与红苋菜一样，绿苋菜适宜选用播种方式进行种植。

2 移植

苋菜不需要移植，只要保证足够的生长空间即可。

3 追肥

平时可以适当施肥，施肥应以液态肥为主，如淘米水、茶叶水、厨余稀释液。

4 收获

绿苋菜可以多次收获，收获后适当施肥，薄肥勤施可有效加快蔬菜的生长。

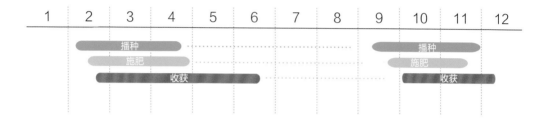

播种步骤

【材料准备】

绿苋菜种子　营养土　水壶　橡胶手套

❶ 准备好合适的空盆，排水性和透气性良好的花盆适合所有的蔬菜种植。

❷ 向盆中装入适量的营养土，轻轻压实，把土面整平。

❸ 用水壶向盆内浇入足量的水，直到盆底有水流出。

❹ 将种子放在手中，均匀地撒播。种植间距为 1~3 厘米。

❺ 覆上一层薄薄的土，厚度 0.5~1厘米，以保证种子能够透气并顺利发芽。

1周后，种子发芽了，这时小芽太嫩还不能过早地见到强光。

10天后，大部分种子慢慢地发芽了，此时可将花盆搬到有阳光的地方，给菜苗提供充足的阳光和较好的生长环境。

2周后，小苗慢慢地长出了真叶。这时开始，见干浇水，每次浇水需浇充足，直到盆底有水流出。

30天后，小苗长势良好。此时，植株过密，不利于生长，可以适当地拔去一些。

40天后，间苗后，绿苋菜长得快了一点，大多已长出了真叶。此后浇水可以适当增加一些液肥，或者浇发酵后的淘米水，以增加营养。

50天后，小苗很健康，叶子越来越大。阳光依然是蔬菜生长中不可缺少的因素，此时，需要多晒太阳。

60天后，叶子越来越大，长到了十几厘米，已经快到收获的季节。

70天后，苋菜的收获不是一次收获，可多次进行。此时大的苋菜已经达到收获的高度，可将大棵的苋菜拔出，留下一些没长大的继续生长。

成长中的绿苋菜和收获后的绿苋菜。苋菜在春夏交替时的生长速度会非常快，这时候可以适当增加施肥次数。

04

味道极好的果实菜和根菜

在自己家种植蔬菜，可以尝试种植一些市面上常见的果实菜和根菜，如水果黄瓜、番茄、扁豆、秋葵、萝卜等。这些果实菜和根菜虽然生长周期偏长，但可以让我们的饮食生活更加丰富多彩。

水果黄瓜

培育季节：春秋　　种植难度★★☆☆☆

黄瓜喜欢光线良好，水分充足的环境，春秋天种植黄瓜比较适宜。夏季温度太高，不宜培育小苗。

养护要点

1. 播种后不要晒太阳，将花盆放置在阴凉、通风处。

2. 播种后到发芽前要保持土壤表面湿润，使用喷壶小水流浇水，减轻种子发芽出土的压力。

3. 每次看到土壤颜色变浅或花盆重量明显变轻，要浇充足的水。

4. 移植种苗时，将盆放在阴凉的地方缓苗2~3天。

种植步骤

黄瓜喜温暖，不耐寒冷。生长适温为 10~32℃，适合春播夏收。夏季黄瓜结果时不能缺水。黄瓜对光照要求比较高，尤其开花期，若光照不足只开雄花，不结果，适合朝南阳台种植。

1 种植方式

黄瓜播种时一般采用穴播或者点播，等到种子发芽之后再将苗移植到盆里。

2 移植

等到黄瓜种苗有 3~5 片真叶时开始移植。

3 追肥

黄瓜喜欢大水大肥，等到开花结果的时候要及时补充肥料和水分。

4 收获

黄瓜的收获期比较长，水果黄瓜长到 15 厘米左右即可采摘。

1	2	3	4	5	6	7	8	9	10	11	12

播种 · 移植 · 追肥 · 收获

播种步骤

【材料准备】

水果黄瓜种子　空盆　营养土　有机肥料　铲子　水壶

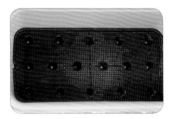

❶ 准备好合适的空盆，要求花盆排水性和透气性良好，适合蔬菜生长。

❷ 向盆中装入适量的营养土，轻轻压实，把土面整平。填土时可以加一些有机肥料当作底肥。

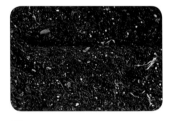

❸ 用铲子或者木条轻轻压出两条间距 15 厘米的沟，沟的深度约 1 厘米。

❹ 将种子放在手中，均匀地撒在沟里。种植间距为 1~3 厘米。

❺ 覆上一层薄薄的土，厚度 0.5~1 厘米，以保证种子能够透气并顺利发芽。

❻ 向盆内浇入足量的水，直到盆底有水流出。浇水后，将盆放在阴凉处等待发芽。

1 周后

20 天后

2 周后

小贴士

1 周后，种子发芽了。黄瓜的芽比一般的芽都大，而且造型独特。此时，种子没全部发芽，还不能晒太阳，继续等待中。

2 周后，大部分种子都发芽了，此时可是将花盆搬到有阳光的地方，浇水时要注意观察，黄瓜苗期不需要太多的水。

20 天后，小苗慢慢地长出了真叶。这时开始，浇水见干浇水，每次浇水需浇充足，直到盆底有水流出。

【材料准备】

深盆　营养土　种苗　喷壶

❶ 准备好深度 30 厘米以上的盆，装上适量的营养土，并挖好要移植的坑，向坑内浇上适量的水。

❷ 等坑内的水下渗之后，将挖出的种苗放入坑内。挖出种苗时要保留原有根部的土壤。

❸ 向盆内浇入足量的水，直到盆底有水流出。

❹ 移植黄瓜时，黄瓜的根部要高于土壤，以利于排水。

*30*天后　*6*周后　*7*周后

*9*周后

30 天后，移栽后的黄瓜苗长势良好。而且黄瓜苗自己可以爬上支柱，就像两只手抓住了支撑物一样。

6 周后，黄瓜开花啦！黄色的小花慢慢地开在黄瓜藤上，黄瓜的花分为雌花和雄花，雌花可以长出小黄瓜。若光照不足，会只开雄花，不开雌花。

7 周后，小黄瓜慢慢长了出来。已经可以看到小黄瓜身上一根根的刺了，只是现在还嫩嫩的。

9 周后，小黄瓜慢慢长大了，等到小黄瓜长到 15~20 厘米就可以采摘了。

水果黄瓜之所以被称为水果黄瓜是因为长出的黄瓜短粗，清脆多汁，是可以当作水果来吃的一种黄瓜。

黄瓜的生长期比较长，期间比较容易发生病虫害，如图：黄瓜生病了。苗期浇水过多黄瓜易患霜霉病，所以不能浇水过多，并要及时晒太阳。

夏季高温多雨的季节，最容易让黄瓜染上病虫害。这个黄瓜就是被小小的红蜘蛛包围了。

红蜘蛛没有大面积暴发时及时剪掉长有红蜘蛛的叶子就可以了。如果已经大规模暴发，就需要在黄瓜叶片上喷施一些微毒农药，在果实成熟两周前喷施最好。

秋葵

培育季节：春秋　种植难度 ★ ★ ☆ ☆ ☆

秋葵分为黄秋葵和红秋葵两种。秋葵可生食，也可以烫火锅或者炒菜。

养护要点

1. 播种后不要晒太阳，将花盆放置在阴凉、通风处。

2. 播种后到发芽前要保持土壤表面湿润，使用喷壶小水流浇水，减轻种子发芽出土的压力。

3. 每次看到土壤颜色变浅或花盆重量明显变轻时，要浇充足的水。

4. 秋葵播种时，间距可 10~20 厘米，等到出现 4 片真叶时，需要间苗或者移苗，间距要求 40 厘米。若在花盆中种植，一个花盆只能种一棵秋葵。

种植步骤

　　秋葵，喜温暖湿润的环境，生长适温为 20~28℃，要求光照时间长。一般春末夏初播种，播种时需施加底肥。苗期要保证土壤湿润，不能缺水，生长快速期需施肥料，以保证营养。秋葵在春秋季节种植较好，喜凉爽天气，而且采摘期非常长，可以采摘 3 个月。

① 种植方式

　　市场上没有秋葵小苗卖。一般采用播种方式。

② 移植

　　秋葵长出 4~5 片真叶时移植到单独的菜盆里即可。

③ 追肥

　　在秋葵播种时就要加底肥，当秋葵开花的时候再施有机肥或者液态肥。

④ 收获

　　秋葵在开花后的 4~5 天即可采摘。秋葵采摘期一般可以持续 3 个月左右。

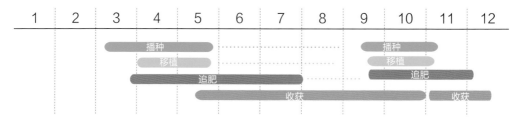

| 1 | 2 | 3 | 4 | 5 | 6 | 7 | 8 | 9 | 10 | 11 | 12 |

播种　移植　追肥　收获

播种步骤

【材料准备】

秋葵种子　　营养土　　有机肥料　　铲子　　水壶

❶ 准备好合适的空盆，种植秋葵的花盆最好 30 厘米以上。要求花盆排水性和透气性良好。

❷ 向盆中装入适量的营养土，轻轻压实，把土面整平。填土时加一些有机肥料当作底肥，给秋葵提供必要的营养。

❸ 用铲子或者木条轻轻压出两条间距 15 厘米的沟，沟的深度 1~3 厘米。或者穴播也可以，一个穴里放 2~3 粒种子。

❹ 将种子放到压出的沟里或穴里，种植间距为 1~3 厘米。

❺ 再覆上一层薄土，厚度约 0.5 厘米，用手轻轻压实土壤，需保证种子能够透气并顺利发芽。

❻ 向盆内浇入足量的水，直到盆底有水流出。

10天后，种子发芽了。秋葵种子外壳较硬，播种前不浸泡的话，发芽一般较慢。发芽后要及时晒太阳、通风。

2周后，不少秋葵苗的叶子逐渐长出来了，开始叶子是黄色的，并且叶片有纹路，非常可爱。

4周后，小苗慢慢地长出了真叶。叶片颜色由黄转绿，发生了变化。此后可多晒太阳，并要及时间苗。

5周后，秋葵又长高了。秋葵的第二层叶子也在快速地生长。秋葵虽耐湿，但不耐涝，浇水时保证水分充足即可，不可过多地浇水。

9周后，经过两个月的积累，秋葵终于长出了花苞。红红的、鼓鼓的就是秋葵的花苞，一个花苞就是一个秋葵哦！

11周后，秋葵的花朵开始逐渐脱落，脱落后就长出了红红的秋葵，秋葵长出三天后即可采摘，否则纤维老化，将失去秋葵独有的味道。

12周后，秋葵开始进入大面积采摘期，秋葵属于既健康又有高回报的一种作物。采摘时用剪刀将秋葵剪下即可。

小贴士

秋葵在生长前期要防止营养过剩造成徒长；中后期对已采收嫩果以下的各节老叶要及时摘除，既能改善通风透光条件，减少养分消耗，又可减少病虫害的发生；后期留作种果的秋葵应及时摘心，可促使种果老熟，以利籽粒饱满，提高种子质量。

秋葵开始长花苞时，如果果茎秆很细，就需要将花苞去除，将养分让给植株，等到植株长得粗壮高大时再让秋葵结果。

秋葵的生长期比较长，期间比较容易发生病虫害和其他的问题。如上面两张图，因缺肥和空气湿度过大，秋葵的叶子出现了斑点，应对策略是减少浇水的次数，给植株施肥。下图则是秋葵茎上出现了一些透明的颗粒，为秋葵的分泌物，可以不予理会。

通体红色的属于红秋葵，若是青色的则是黄秋葵，两种属于不同品种，种植、收获的时间是一样的。

长出花苞一周后，秋葵开花啦！浅黄色的花开在枝头，漂亮极了！

紫长茄

培育季节：春　种植难度★★☆☆☆

紫长茄生长周期比较长。因此，在种植之前要下足底肥，充足的底肥才能保证紫长茄健康地生长。

养护要点

1. 播种后，要保持土壤表面湿润状态，减轻种子发芽出土的压力。

2. 种子发芽后，可以适当地晒晒太阳、通通风。

3. 种子发芽之后需要间苗，或者等小苗大一些将苗挖出移植到宽阔的地方种植。

种植步骤

紫长茄是喜温作物，较耐高温，生长适温 25~30℃。对光照要求不高，只要温度适宜，从春到秋都能开花、结果。需要根据盆土的情况浇水。阳台种植的话，因为淋不到雨水和露水，所以几乎每天都要浇一次水。

1 准备种苗

紫长茄种苗一般可以在市场上购买，如果不放心品种，可以自己培育种苗。

2 移植

当种苗长有 3~5 片真叶时可以进行移植，移植时尽量带土，这样种苗容易成活。

3 追肥

紫长茄生长期较长，移植时要在土壤底部加底肥，生长期间也要适当地施肥。

4 收获

当紫长茄长到 10 厘米左右即可采摘。

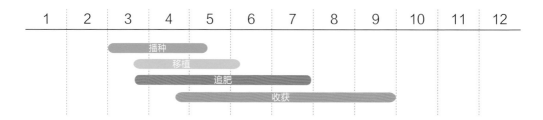

| 1 | 2 | 3 | 4 | 5 | 6 | 7 | 8 | 9 | 10 | 11 | 12 |

播种
移植
追肥
收获

播种步骤

【材料准备】

紫长茄种子　空盆　营养土　有机肥料　水壶　播种器　铲子

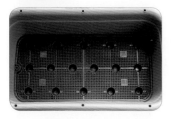

❶ 茄子的植株一般比较大，因此选盆时需要准备大盆，并且要求花盆排水性和透气性良好。

❷ 向盆中装入适量的营养土，压实、整平。填土时加一些有机肥料做底肥。

❸ 向盆内浇充足的水，直到盆底有水流出。

❹ 将种子放在播种器中，均匀地撒向土里。种植间距可以稍近一些，种子发芽后再间苗。

❺ 用铲子覆上一层薄薄的土，厚度0.5~1 厘米，以保证种子能够透气并顺利发芽。

生长过程

10 天后，种子发芽了。少量种子发芽时还不能晒太阳，只能放在通风处，等待种子慢慢发芽。同时保证表层土壤湿润。

2 周后，叶子逐渐长出来了。开始的时候只有两片叶子，慢慢地开始长出第三片、第四片叶子。

4 周后，小苗慢慢地长出了真叶。叶片颜色由黄转绿，发生了变化。此后可多晒太阳，并要及时间苗。

8 周后，紫长茄慢慢地开了花，开始结出紫色的、长长的小茄子。

12 周后，茄子慢慢从无到有，从小到大，已经可以采摘新鲜的茄子食用了。

小贴士

紫长茄的生长期比较长，生长期间需要较多的肥料。

紫长茄在开花时有主花和次花两种，次花一定要摘除，保证主花结果，以便养分集中利用，增加结果数量。如果来不及摘除次花，则要及时摘除次花所结的果。

圣女果

培育季节：春　种植难度★★★★☆

圣女果生长期比较长，所以南方可以种春秋两季，而北方最好只种一季。

养护要点

1. 播种后，要保持土壤表面的湿润状态，减轻种子发芽出土的压力。

2. 种子发芽后，可以适当地晒晒太阳、通通风。

3. 挂果期应保持土壤湿润，忌忽干忽湿，一般在傍晚浇水。果实较多时应进行疏除，让果实自然下垂生长。

种植步骤

圣女果生长发育适温为 23~28℃，夜温为 15~18℃。喜欢充足的阳光，对土壤湿度要求为 60%~80%，以土层深厚、疏松肥沃、pH6~6.5 的微酸性土壤为宜。适应性较强，通过不同播期，采用不同设施栽培，可以做到四季生产。

1 种植方式

圣女果的种植方式是先用种子播种育苗，到后期再进行移栽。

2 移植

当种苗长到 4~5 片叶子时可以进行移植栽培。

3 追肥

移植的时候要施足底肥，而且后期还要定期追肥，尤其是开花期和结果期。

4 收获

圣女果长成熟后颜色会变，看到果子全部变红时直接采摘食用即可。

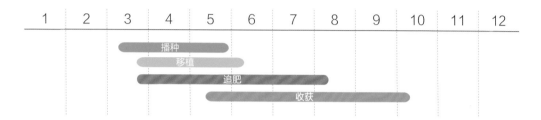

| 1 | 2 | 3 | 4 | 5 | 6 | 7 | 8 | 9 | 10 | 11 | 12 |

- 播种
- 移植
- 追肥
- 收获

播种步骤

【材料准备】

圣女果种子　空盆　营养土　有机肥料　木条　喷壶

❶ 准备好合适的空盆，要求花盆排水性和透气性良好，适合蔬菜生长。

❷ 向盆中装入适量的营养土，轻轻压实，把土面整平。填土时可以加一些有机肥料当作底肥。

❸ 用木条捣出小穴，穴与穴间距 5 厘米左右，穴的深度约 1 厘米。

❹ 将种子分别放入穴内。种植间距为 1~3 厘米。

❺ 将穴口周边的土壤覆在种子上，再轻轻压实。

❻ 向盆内浇入足量的水，直到盆底有水流出。

移栽步骤

【材料准备】

圣女果苗　空盆　营养土　有机肥料　喷壶

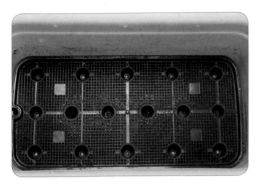

❶ 准备好深度 30 厘米以上的盆，装上适量的营养土，并挖好要移植的坑。向坑内浇上适量的水。

❷ 向土中掺入适量的有机肥料作底肥，给圣女果苗提供充足的营养。将土和肥料搅拌均匀。

❸ 在盆中挖几个深度约为 2 厘米的坑，并浇入适量的水，直到水渗入土中。

❹ 将种苗慢慢放在坑内，移栽时注意不要将根部的原土弄掉，防止菜苗不适应土壤。

❺ 移栽后，将植株根部的土压实，浇入适量的水。

❻ 移栽好的苗需要放置到阴凉通风处缓苗后才能晒太阳，并且在此期间要保持土壤湿润。

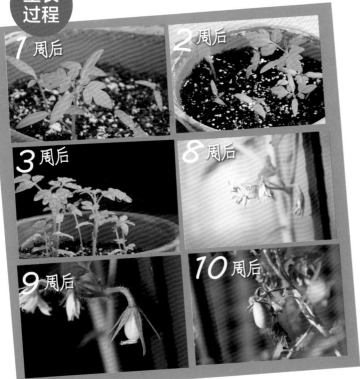

生长
过程

1 周后

2 周后

3 周后

8 周后

9 周后

10 周后

圣女果是两性花，一般会自动授粉，也可以用竹竿轻轻敲打植株，促进授粉。另外，在植株分杈长到 10 厘米左右时要及时打杈，防止侧枝疯长，影响果实的生长。

1 周后，种子发芽了。大部分种子发芽了，并且长出了真叶，此后浇水见干见湿，表土干了要一次性浇透。

2 周后，小苗在逐渐长大，叶子也在慢慢变多。

3 周后，小苗慢慢地长出了真叶。这时开始，见干浇水，每次浇水需浇充足，直到盆底有水流出。

8 周后，开始开出黄色的小花朵，仔细看最右边的那朵花，里面已经长出了小果实。

9 周后，圣女果的枝头长出了一粒小小的果实，现在还是小小的、青青的，慢慢地果实会长大最终变红。

10 周后，绿色的小果子长满了枝头，等到颜色慢慢变红，就是圣女果的收获季了。

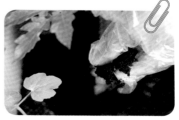

蔬菜在花期和果期需要大量的肥料，尤其是钾肥，天然有机肥料里含钾最多的是草木灰。

草木灰撒在蔬菜周围时不能靠近根部，要围成一圈撒。

番茄

培育季节：春　种植难度★★★★☆

番茄生长期较长，一般只种春季一季就可以了。种植番茄需要充足的底肥，否则不容易结果。

养护要点

1. 播种后，要保持土壤表面湿润状态，减轻种子发芽出土的压力。

2. 种子发芽后，可以适当地晒晒太阳、通通风。

3. 番茄这类作物需要非常足的肥料才能长出好的果实，因此在播种的时候最好将底肥加足，后期结果之后才会有生长的后续动力。

种植步骤

番茄的生长发育的最佳温度为 24~26℃，在 5℃以下的低温或 40℃以上的高温条件下，番茄将停止生长。番茄是喜光作物，既怕旱又怕涝，土壤排水要好。

1 准备种苗

番茄种植一般是用种子播种，然后育苗移植。

2 移植

种苗长出 4~5 片真叶时可以移植。移植时可以加一些底肥，以保证后期生长。

3 追肥

番茄生长过程中需要定期施肥，否则会影响结果。

4 收获

当果实全部红透之后就可以采摘食用了。

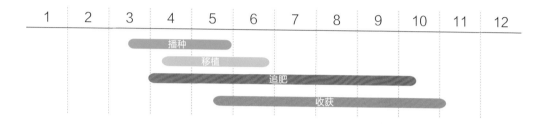

| 1 | 2 | 3 | 4 | 5 | 6 | 7 | 8 | 9 | 10 | 11 | 12 |

播种
移植
追肥
收获

播种步骤

【材料准备】

番茄种子　空盆　营养土　有机肥料　木条　喷壶

❶ 准备好合适的空盆，最好底部有空，有利于排水。

❷ 在底部孔中垫上小石块，然后将准备好的营养土铺上，可以适量加有机肥料。

❸ 用木棍轻轻插出几个小洞，洞的深度约 1 厘米。

❹ 将种子均匀的放入洞内。

❺ 覆上一层薄薄的土，稍微遮住种子即可，不可太厚，否则不易发芽。

❻ 向盆内浇入足量的水，直到盆底有水流出。

1周后，种子发芽了。小苗慢慢地都钻出了地面。

2周后，大部分种子都发芽了。长出了4~5片真叶，此后要多见太阳，浇水一次浇透，直到盆底有水流出。

3周后，小苗慢慢地长出了第二对真叶。这时开始，见干浇水，每次浇水需浇充足，直到盆底有水流出。

4周后，番茄苗越来越大，隐隐有番茄植株的气势了。

6周后，番茄的植株长到了50厘米，需要搭架来支撑。将支架插到土里，再用园艺扎线将植株绑在支架上。

7周后，搭架后的番茄长得更快更高了。此后每次浇水后要施一些肥料，液态肥或者固态肥都可以。

9周后，番茄长出了不小的果实，已经长出了番茄的模样，只要再耐心等待就能吃到自己亲手种植的番茄了。

番茄的生长周期相比较其他的蔬菜来说，时间要长一些，但收获也会多一些。自己种植的番茄味道更好。

扁豆

培育季节：春秋　种植难度★★☆☆☆

扁豆比较适合春秋季节种植，夏季温度过高不利于扁豆生长，冬季温度太低也不能保证扁豆产量和质量。

养护要点

1. 播种后，要保持土壤表面湿润状态，减轻种子发芽出土的压力。

2. 种子发芽后，可以适当地晒晒太阳、通通风。

3. 扁豆是爬藤类植物，在扁豆长到一定高度的时候需要给扁豆搭上一个架子，长在高处的扁豆才能接收到充足的阳光，生长才会更旺盛。

生长过程

扁豆，喜温暖润湿，耐热。种子适宜发芽温度为 22~23℃，植株能耐 35℃左右的高温。一般春播秋收。浇水时，要注意不定时浇水，给扁豆提供一个湿润的环境。

1 种植方式

扁豆种植可以只用种子播种，育苗之后再移植。

2 移植

当种苗长有 3~5 片真叶时可以进行移植，移植时尽量带土，这样种苗容易成活。

3 追肥

移植时最好加足底肥，生长期间可以定期施一些液态肥。开花时多加钾肥。

4 收获

扁豆可以多次收获，当看到豆荚成形，即可采摘。

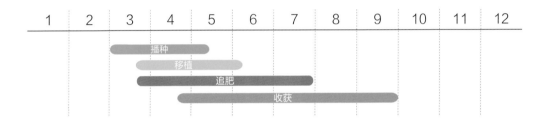

| 1 | 2 | 3 | 4 | 5 | 6 | 7 | 8 | 9 | 10 | 11 | 12 |

播种
移植
追肥
收获

播种步骤

【材料准备】

扁豆种子　空盆　营养土　有机肥料　木条　水壶

❶ 准备好一个排水性和透气性良好、深度 30 厘米以上的空盆。

❷ 向盆中装入适量的营养土，填土时适当加一些有机肥料当作底肥。

❸ 用木条挖出间距约 10 厘米、深约 1 厘米的洞穴。

❹ 将种子放在手中，均匀地撒向洞穴，每个洞里种 2~3 颗种子。种子间留下间距。

❺ 覆上一层薄薄的土，厚度 0.5~1 厘米，以保证种子能够透气并顺利发芽。

❻ 向盆内浇入足量的水，直到盆底有水流出。

生长过程

10天后　2周后　4周后

5周后　6周后　8周后

7周后

10天后，大部分种子发芽了。此后浇水见干见湿，表土干了要一次性浇透。此后可以多晒太阳。

2周后，小苗在长大。浇水见干见湿，表土不干不浇，浇则浇透。继续多晒天阳。可适当追加稀肥，可以用发酵后的淘米水，兑水稀释20倍左右使用。

4周后，小苗慢慢地长出了真叶和蔓。从这时开始，需要给扁豆搭架，引导扁豆向上生长。

5周后，扁豆的蔓开始沿着支柱向上爬。浇水水量不需太多，只要保持土壤湿润。

6周后，扁豆长出了月牙状的花苞，伫立在枝头，向着太阳的方向努力生长着。

7周后，扁豆开出了粉红色的小花，粉粉嫩嫩的。别以为这就是惊喜，更大的惊喜在后面呢。

8周后，扁豆挂满了枝头，又到了收获的时候，扁豆可以收获了。

收获扁豆时，若是时间晚了，扁豆就会长出扁豆子来。

搭架步骤

【材料准备】

支柱　剪刀　园林扎线

1 准备好搭架所需的所有工具，包括支柱、卡子、剪刀、园林扎线等。

2 将购买到的搭架包拆掉，将支柱与卡子分开备用。

3 开始搭架啦，首先选择与植物合适的距离，再将两根支柱用卡子连在一起。

4 继续用剩下的卡子把支柱固定，卡子的距离要保持一致，防止架子不稳。

5 一个包装中，一共有6个卡子。搭架时，可以分成上下两层用卡子把支柱固定。

6 环保又实用的架子就算搭好啦，放在平地上试试是否水平，是否牢固。

7 将搭好的架子小心放入扁豆丛中，再将长出的扁豆的蔓引导到搭好的支柱上，再用扎线以8字形绑在支柱上。

8 几天后，扁豆的蔓就会顺着架子向上爬，再过不久，就能看到满架的扁豆。

小贴士

防治虫害：

扁豆的虫害主要有蚜虫和豆荚螟。蚜虫主要密集于叶上，在嫩叶背面及嫩茎上汲取汁液，造成嫩叶发卷，提早枯黄，常用的防治药剂有40%的乐果乳剂1000倍，7天左右喷1次，连喷2~3次；豆荚螟幼虫主要吃荚内豆粒，严重时整荚都被吃空，防治药剂主要有20%的灭菊酯2500倍液，叶面喷施，每隔7天左右喷1次。

青椒

培育季节：春秋　种植难度★★☆☆☆

青椒喜冷凉，春秋季节种植生长温度比较适合。青椒属于比较容易种植的蔬菜，新手也能种出漂亮的青椒来。

养护要点

1. 播种后，要保持土壤表面湿润状态，减轻种子的出土压力。

2. 青椒主根不发达，根量少，根群大多分布于 10~15 厘米的表土层中，其根系既不耐旱，又不抗涝，不耐浓肥。

3. 青椒在果实膨大期，如果水分不足，则会造成果面皱缩，弯曲，色泽暗淡，降低产量和质量。所以，在此期间供给足够的水分，是获得高产的重要措施。

种植步骤

青椒的特性有喜温、喜肥、喜水的一面，要求土壤湿润而不积水。但又有不抗高温、高肥和最忌水涝的一面。

1 准备种苗

青椒种植可以买种苗，也可以播种自己培育种苗。

2 移植

当种苗长有3-5片真叶时可以进行移植。

3 追肥

移植时加适量的底肥，生长期间可以适当加稀释的液态肥。

4 收获

青椒品种不同，形状也不同。每次采摘之后适当施肥，这样可以增加产量。

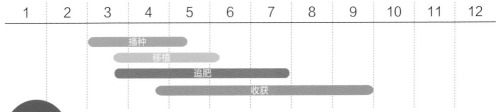

| 1 | 2 | 3 | 4 | 5 | 6 | 7 | 8 | 9 | 10 | 11 | 12 |

播种
移植
追肥
收获

播种步骤

【材料准备】

青椒种子　浸泡容器　空盆　营养土　有机肥料　铲子　喷壶　播种器

❶ 播种之前将种子浸泡12小时左右，有利于种子发芽破土而出。

❷ 准备一个大小合适的空盆，要求要透气、排水性好。

❸ 向盆内装入适量的营养土。若花盆太深，土的厚度约为20厘米。

❹ 在土上加一层有机肥料作为底肥，以保证后期的营养。

❺ 用铲子在有机肥的上面再覆一层营养土，然后挖几个小坑以便播种。

❻ 把种子放在播种器里，均匀地洒向坑内。

❼ 用铲子在播种过的坑表面轻轻地覆一层土。

❽ 土覆好后浇充足的水，直到盆底有水流出。

❾ 把花盆放到阴凉的地方等待种子发芽。

生长
过程

*2*周后

*4*周后

*6*周后

*8*周后

*12*周后

*16*周后

2 周后，部分种子发芽了。每天浇少量水，保持土壤湿润。

4 周后，先发芽的小苗逐渐长大，真叶开始成对地慢慢长出。此时浇水要一次浇透，需多晒太阳。

6 周后，小苗继续生长，此时浇水后可以适当加点液肥，如将淘米水稀释 20~30 倍浇在根部附近。

8 周后，青椒苗长已经长得非常壮实，此后要继续保持土壤的湿润，但一定不要积水。

12 周后，青椒苗枝头开始开花了，白色的小花逐渐开满了枝头，不要小看这些小白花哦，也许里面就有一个青椒宝宝呢。

16 周后，花朵枯萎，开始长出了小小的青椒，青椒在一天天长大，直到长成一个大青椒。这段时间要记得保持营养土的水分充足，而且还要追肥一次。

青椒病害主要有：苗期病（猝倒病、立枯病）、病毒病、炭疽病和疮痂病（细菌性穿孔病）等；虫害主要有蚜虫、棉铃虫、烟青虫等。

南瓜

培育季节：四季　　种植难度 ★ ★ ☆ ☆ ☆

南瓜生长期也比较长，所以底肥要充足，而且在生长期要阶段性地进行施肥来促进南瓜的生长。

养护要点

1. 播种后不要直接晒太阳，温度太高会影响种子发芽。

2. 播种后到发芽前要保持土壤表面湿润，减轻种子出土的压力。

3. 每次看到土壤颜色变浅或花盆重量明显变轻，要浇充足的水。

种植步骤

南瓜喜欢温暖湿润的环境，要求肥沃的土壤。生长适温为 10~25℃。对光照要求不高，半日照阳台也可种植。巨型南瓜喜欢湿润的环境，所以要保持土壤湿润，多浇水。

1 种植方式

南瓜种植适合的方式就是播种育苗，种子播种前要先用清水泡 12 小时左右。

2 移植

等到南瓜苗长到 2 片真叶时就可以进行移植了。

3 追肥

移植时加足底肥，然后后期定期施肥，补充南瓜生长需要的养分。

4 收获

南瓜收获要根据自身的情况，一般等到南瓜很老的时候采摘比较好。

1	2	3	4	5	6	7	8	9	10	11	12

播种
移植
追肥
收获

播种步骤

【材料准备】

南瓜种子　空盆　营养土　有机肥　水壶

❶ 准备一个排水性和透气性良好、深度 30 厘米以上的空盆。

❷ 向盆中装入适量的营养土，填土时多加一些有机肥料当作底肥。用工具或者手指将土挖出几个洞穴，深约 1 厘米，间距 20 厘米左右。

❸ 将种子放在手中，均匀地放入洞穴。一个洞穴放两粒种子即可。

❹ 覆上一层薄薄的土，厚度 0.5~1 厘米，以保证种子能够透气并顺利发芽。

❺ 用手轻轻压实，避免浇水时种子被冲出土壤。

❻ 向盆内浇入足量的水，直到盆底有水流出。然后将盆放在阴凉干燥处等待发芽。

15天后，种子发芽了。浇水不干不浇，干了要一次性浇透。现在芽苗太小，不适宜晒太阳。

4周后，南瓜苗顶着种子外壳慢慢地站了出来，像一个个卫兵。此后可以多晒太阳，并保持土壤湿润。

5周后，小苗慢慢地长出了真叶。这时开始，浇水见干浇水，每次浇水需浇充足，直到盆底有水流出。

6周后，长势不错。大部分南瓜苗都长出了真叶，若种子撒得太密，此时需要间苗以改善通风条件和营养状况。

7周后，巨型南瓜长出了须，开始爬藤了。

8周后，巨型南瓜开花啦，黄色的花一个接一个地长在了南瓜藤上。

16周后，南瓜已经成形，长到一定的程度就可以采摘了。

苦瓜

培育季节：四季　种植难度 ★★☆☆☆

苦瓜因为强大的去火能力备受人们的喜爱。苦瓜喜湿、喜温、耐肥、不耐涝，而且种子的皮比较厚，要提前进行催芽。

养护要点

1. 播种前种子要充分浸种并催芽，催芽期间湿度不够时要及时喷水，每天还要清洗种子 1~2 次。

2. 苦瓜生长和结果期间需要大量的水，定植时要浇透水，尽量使栽培田块保持潮湿，尤其在高温、晴天情况下每天早晚都要浇水。

3. 苦瓜生长和结果需肥量大，一般每隔 5~10 天都要施肥 1 次。

种植步骤

苦瓜，喜温暖湿润，耐高温。生长适温为 20~30℃，25℃为最适宜生长温度。苦瓜属于短日照作物，对光照要求不高，但结果期需要较强的光照。苦瓜喜湿润但不耐涝，浇水一次不可过多，保持土壤湿润。

1 种植方式

苦瓜的种植方式最适合的是播种，先将种子用清水泡 12 小时左右再播种。

2 移植

当苦瓜苗长出两片真叶时就可以进行移植了。移植时加足底肥，保证后期正常生长。

3 追肥

苦瓜喜欢大肥，底肥一定要充足，平时也要定期施肥，保证苦瓜的生长需要。

4 收获

苦瓜长到 20 厘米左右就可以进行采摘了。

1	2	3	4	5	6	7	8	9	10	11	12

播种
移植
追肥
收获

播种步骤

【材料准备】

苦瓜种子　浸泡容器　木棍　空盆　营养土　有机肥料　播种器　水壶

❶ 苦瓜籽外壳比较坚硬，播种前需要用 55℃ 温水浸泡 12 小时，温水比较烫时需要不停地搅拌。

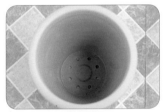

❷ 准备一个深度 30 厘米以上、透气性、排水性比较好的空盆。

❸ 填上适量的营养土，也可在土中掺杂一些有机肥料当作底肥。在土中挖几个洞穴，间距大约 10 厘米，深约 1 厘米。

❹ 将种子放在手中或者播种器中，均匀地撒进洞穴中，每个洞穴大概播种 2~3 颗种子。

❺ 向洞穴中浇入适量的水，浇水时用水壶小水流浇水，防止种子被冲进更深的土中。

❻ 用手轻轻覆上一层薄薄的土，厚度 0.5~1 厘米，保证种子能够透气和顺利发芽。覆土后再用水壶浇足够的水，直到盆底有水流出。

生长过程

2周后 ｜ 4周后 ｜ 5周后

6周后 ｜ 7周后 ｜ 12周后

8周后

搭架

准备好搭架所需要的工具，剪刀、支柱、园林扎线等。

将支柱插入距苦瓜根部5厘米处，再将苦瓜的茎扶好靠在支柱上。

用扎线将苦瓜藤以8字形状捆绑在支柱上，捆绑苦瓜的那一端不要太紧，要给苦瓜藤留足生长的空间。

搭好架的苦瓜现在还不能顺着支柱向上爬。搭好架后将苦瓜放置一边，两天后苦瓜就会顺着支柱向上长。

2周后，种子发芽了，每天浇少量水，保持土壤湿润，此时可以晒太阳。

4周后，小苗在长大，真叶开始慢慢长出。浇水后可以适当追加稀肥。

5周后，小苗继续生长。此时浇水后可以适当加点液肥，如用淘米水稀释20~30倍浇在根部附近。

6周后，苦瓜开始爬藤了。给苦瓜搭架后，苦瓜就会顺着支柱向上爬来得到更多的阳光。

7周后，仔细一看，苦瓜枝头竟然长出了两个小小的花苞，再过几天也许就能看到苦瓜的花了。苦瓜比较耐肥，此后浇水时多浇一些稀肥，如淘米水等。

8周后，小苦瓜长了出来，接下来的时间就是等待小苦瓜慢慢长大了。

12周后，苦瓜终于长成了，摘下成熟的苦瓜放心地食用吧。

青萝卜

培育季节：春　　种植难度★★★★☆

青萝卜种植需要比较深的植物盆，否则萝卜不易长大。
萝卜在高温季节容易生虫害，所以夏季要避免种植。

养护要点

1. 播种后不要直接晒太阳，温度太高会
影响种子发芽。

2. 播种后到发芽前要保持土壤表面湿润，
减轻种子出土的压力。

3. 每次看到土壤颜色变浅或花盆重量明
显变轻，就要浇充足的水。

种植步骤

青萝卜属于萝卜中的一种，半耐寒，生长适温 15~25℃。对光照要求高，如果光照不足，萝卜的产量和质量都不高。苗期保持土壤湿润，要求空气湿度稍大。浇水要勤浇、多浇。

1 种植方式

青萝卜适合使用种子进行播种。

2 移植

青萝卜不适合移植，移植的萝卜生长会受到影响。

3 追肥

萝卜种植时可以适当施一些底肥以满足萝卜的生长需要。

4 收获

萝卜周围的土开裂时差不多可以收获了。收获前需要浇水，避免碰伤萝卜。

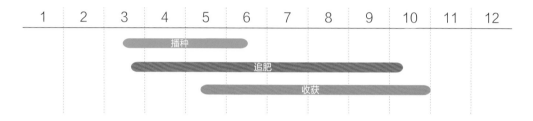

播种步骤

【材料准备】

萝卜种子　空盆　营养土　有机肥料　木条　水壶

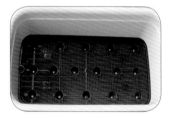

❶ 准备好合适的空盆，花盆的排水性和透气性要好。

❷ 向盆中装入适量的营养土，压实、整平。填土时加一些有机肥料当作底肥。

❷ 用铲子或者木条轻轻压出两条间距 10 厘米左右的沟，沟的深度约 1 厘米。

❸ 将种子放在手心里，均匀地撒入沟内。

❹ 覆上一层薄薄的土，厚度 0.5~1 厘米，以保证种子能够透气并顺利发芽。

❺ 向盆内浇入足够的水，直到盆底有水流出。播种完成后，将盆放置在阴凉通风处等待发芽。

5天后，种子发芽了。此时只是小部分种子发芽，不需见到太多阳光。浇水时需注意表土干了要一次性浇透。

1周后，小苗在长大。大部分种子都已经长大，有少量长出了两片叶子。每次浇水后可以适当施加一些稀肥。

10天后，小苗的叶子在慢慢长大。苗出齐后，可以多晒晒太阳。浇水时要一次性浇透，直到盆底有水流出。

2周后，小苗慢慢地长出了真叶。现在只是长出了一片真叶，再晒晒太阳浇浇水，小叶子就会一点点地长出来。

4周后，青萝卜长了1个月左右，如果盆土太少，苗的根部会裸露在外，此时可以间苗后再培土少许。培土后浇少量的水，使土壤湿润即可。

40天后，经过第一次间苗和培土，萝卜苗长得很快。大部分萝卜苗都长出了第四片真叶，植株也变得大了很多。

12周后，萝卜慢慢长成了。

小贴士

　　种苗出土后，由于叶片幼嫩，非常容易遭到虫害的侵袭。此期最易发生的虫害是菜青虫，菜青虫会啃噬叶片，使叶片上出现大量孔洞。除此之外菜青虫的粪便还会污染幼苗芯叶，引起腐烂。杀灭菜青虫可用90%的敌百虫1000倍液或苏云金杆菌500~800倍液，进行喷施杀灭。

① 准备好移植所需要的工具,包括盛土工具(编织袋)、手套、铲子、营养土。

② 将土放入编织袋后,在中间挖一个深约 10 厘米、直径约 10 厘米的洞,并浇上适量的水。

③ 将健壮的种苗挖出,要保证根部的原土是完整的。

④ 将种苗放入挖好的洞内,并小心向周围培土,封住根部为宜。

⑤ 将土培好后,用喷壶向根部周围洒水,适量即可。

病虫害

萝卜生长期内出现了病虫害,图中所示,萝卜叶子上出现了黄色病斑,这是因为萝卜发生叶斑病。发病初期可用药剂防治,药剂可选用农用的硫酸链霉素可溶性粉剂 4000 倍液。

萝卜的虫害主要是蚜虫和软腐病,右图中出现的就是萝卜蚜虫。防治蚜虫,可用吡虫啉类对水喷雾,或者 40% 乐果 1000~2000 倍液喷雾,每周 1 次,喷药 3 次即可治愈。

虽然农药的效果比较好,但第 1 次喷洒过后依然还有少量蚜虫存活下来,因此 1 次杀虫是不够的,农药要喷洒 3~4 次才能将虫杀干净。

白萝卜

培育季节：春秋　种植难度★★☆☆☆

白萝卜一样需要深盆来种植，种植白萝卜适宜选择春秋凉爽的季节。夏季容易生虫。

养护要点

1. 播种后，要保持土壤表面湿润并将播种后的盆放到阴凉干燥处。

2. 种子发芽后，可以适当地晒晒太阳、通通风。

3. 在播种成功出苗后，需要适当间苗，间苗时间不宜过早，适合在长出 3 片真叶后再间苗。间苗时，每个穴保留 2 株。

种植步骤

白萝卜，生长适温为 20~25℃。幼苗期能耐 25℃左右的高温，对光照要求高，光照不足的话，白萝卜的产量不高，质量也不好。苗期要保持土壤湿润，春秋季节比较适合种植。

1 种植方式

白萝卜种植方式最好的是条播，或者穴播，这样可以保证萝卜的间距。

2 移植

白萝卜不用移植，与青萝卜一样。只要留给白萝卜足够的空间就好。

3 追肥

播种前加足底肥，用于满足白萝卜的生长需要。

4 收获

白萝卜一般生长期比较长，差不多 3 个月可以收获。

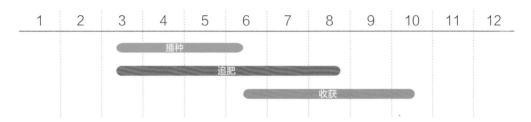

| 1 | 2 | 3 | 4 | 5 | 6 | 7 | 8 | 9 | 10 | 11 | 12 |

播种
追肥
收获

播种步骤

【材料准备】

白萝卜种子　空盆　营养土　有机肥料　铲子　水壶

❶ 准备好排水性和透气性良好的空盆。白萝卜一般长得比较深，所以盆的深度最好 30 厘米以上。

❷ 向盆中装入适量的营养土，压实、整平。填土时加一些有机肥料当作底肥。

❸ 用铲子等工具挖间距约 10 厘米、深约 2 厘米的洞。

❹ 将种子放在手中，均匀地放入洞里，每个洞穴放 2~3 粒种子。

❺ 播种后再覆上一层薄薄的土，厚度 0.5~1 厘米，用手轻轻压实。

❻ 向盆内浇入足量的水，直到盆底有水流出。

5天后   10天后

3周后   6周后

7周后   12周后

小贴士

　　白萝卜属于半耐寒性蔬菜，喜温和凉爽、温差较大的气候。2~3℃时种子就可发芽，发芽适宜温度为 20~25℃。幼苗期可耐 25℃左右高温和短时间零下 2~3℃的低温，叶片生长适宜温度 15~20℃，肉质根膨大最适地温为 13~18℃。

　　白萝卜虽然根系较深，但叶片较大，故不耐旱。水分过多，土壤中空气不足，影响肉质根的吸收和膨大，表皮也粗糙。水分供应不均也容易造成肉质根开裂。

5天后，种子发芽了。此后浇水见干见湿，表土干了要一次性浇透。

10天后，小苗在长大。大部分种子都发了芽，这时可以多晒晒太阳，浇水时需注意，表土不干不浇，浇则浇透。

3周后，小苗长得过高，土层太薄，萝卜苗大多倒伏在地。

6周后，叶子明显大了不少。之后，每次浇水要一次性浇透，而且可以追加少量肥，薄肥勤施。

7周后，萝卜苗已经长大了。种得有点密的话，此时可以间一次苗，拔下瘦小的，留下粗壮的。浇水依然要浇则浇透，不干不浇。

12周后，白萝卜渐渐长出了头，可以收获啦！

病虫害

　　白萝卜的主要虫害有：蚜虫、菜青虫、黄条跳甲。如上图中我们见到，白萝卜叶子上出现的虫害与青萝卜一样，叶子的背面长满了蚜虫。不仅是叶子背面，叶子的正面也有许多的虫卵。此时虫害已经很严重了，一般的物理杀虫方式都没有明显的效果，只能用农药杀虫试试。第一次使用农药两天后，大部分蚜虫都被杀死，还有一部分虫卵留在叶子背面。

　　除了农药喷杀防虫，有条件还可以物理防治虫害，在阳台周围设置防虫网，利用黑光灯诱杀害虫等，都可以起到防治的目的。

樱桃萝卜

培育季节：春秋　　种植难度★★★★☆

樱桃萝卜因其小巧可爱形似樱桃的造型而得名，春秋季节气候适宜，种植樱桃萝卜比较适合。

养护要点

1. 樱桃萝卜播种后，需要保持土壤表面湿润，并将播种后的盆放到阴凉干燥处等待种子发芽。

2. 种子发芽后，前期不能见直射光，否则容易把刚发芽的小苗晒伤或者晒死。可以将盆放在散射光充足的地方，同时通通风。

3. 当樱桃萝卜苗长到 5~10 厘米就可以逐渐见一些阳光了。此时的萝卜苗正是生长快速期，需要多见太阳多进行光合作用。

种植步骤

樱桃萝卜具有较强的抗寒性，但不耐热。樱桃萝卜生长的适宜温度为5~20℃，种子发芽的适宜温度为10~20℃，当环境温度超过25℃时，则表现出生长不良。对光照要求不严格，但在叶丛生长期和肉质根生长期需重度的光照。对土壤的适应性较强，但以土质疏松肥沃、排水良好、保水保肥的沙质土壤为最佳。

1 种植方式

樱桃萝卜适合用种子进行播种，撒播就好。

2 移植

樱桃萝卜不需要后期移植，只要播种的时候将种子撒开一些就好。

3 追肥

樱桃萝卜生长期较短，播种的时候加一些底肥就可以满足樱桃萝卜的生长。

4 收获

当樱桃萝卜生长时间到30天左右，就可以陆续拔萝卜食用了。

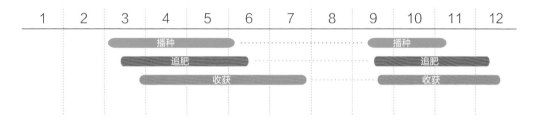

| 1 | 2 | 3 | 4 | 5 | 6 | 7 | 8 | 9 | 10 | 11 | 12 |

播种步骤

【材料准备】

樱桃萝卜种子　空盆　营养土　有机肥料　喷壶　小勺　铲子

1 准备好排水性和透气性良好，适合蔬菜生长的花盆一个，深度最好30厘米以上。

2 先铺5厘米左右的营养土。

3 铺好一层底层土壤之后，加一些有机肥料当作底肥，这样可以给樱桃萝卜提供营养。

4 加好底肥之后，再放营养土，直到距离盆口1~2厘米。然后用喷壶均匀地浇水，直到盆底有水流出。

5 浇好充足的水之后，将种子均匀地撒在土壤表面。

6 撒好种子之后，再在种子上盖一层薄薄的土，刚好盖住种子即可。覆土完成后再用喷壶浇水少许。

生长
过程

5 天后，大部分种子发芽了，有的小苗长出了真叶。此后浇水见干见湿，看到表土干了要一次性浇透。

2 周后，小苗在长大。有的萝卜苗长得太高，出现了倒伏。这时要培土并多晒太阳。

20 天后，小苗慢慢地长出了真叶，而且长得很茂盛。这时开始间苗，浇水则是见干浇水，每次浇水需浇充足，直到盆底有水流出。还需要多见太阳。

30 天后，樱桃萝卜基本长成，可以直接拔出来食用了。

小贴士

　　一般来说樱桃萝卜整年都能播种，但夏天时偶尔会出现叶子过大，而导致根茎发育不全的情形。因此最佳的播种时期为 3~5 月以及 9~10 月，发芽适温 15~30℃。发芽后即可移至日照充足的地方，春天种时则要特别注意蚜虫与小菜蛾等虫害。

胡萝卜

培育季节：春　种植难度★★☆☆☆

胡萝卜种植：南方可以稍微早一些，1~2月即可种植。北方可以在4~5月进行种植。

养护要点

1. 种子播种后，需要保持土壤表面湿润，并将播种后的盆放到阴凉干燥处等待种子发芽。

2. 种子发芽后，不能见直射光，否则容易把刚发芽的小苗晒伤。

3. 当苗长出后就可以逐渐见一些阳光了。

胡萝卜为半耐寒性蔬菜，发芽适宜温度为 20~25℃，生长适宜温度为 18~23℃，对光照要求不高，中等光照即可。浇水时注意，苗期不用过多浇水，不干不浇，生长后期即长出胡萝卜时要多浇水。胡萝卜喜欢凉爽天气，秋季种植比较容易长出品质好、口感好的胡萝卜。

1 种植方式

胡萝卜种植方式可以使用种子进行播种。

2 移植

胡萝卜不需要移植，只需要在生长期间进行间苗，防止生长过密。

3 追肥

种植前加一些底肥，有利于胡萝卜后期的生长。每次浇水时都要浇透。

4 收获

3 个月左右就可以收获胡萝卜，拔胡萝卜之前先浇透水，当土变软再拔。

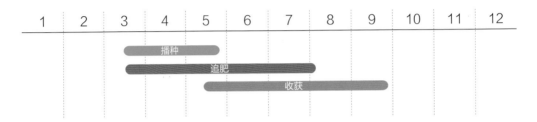

| 1 | 2 | 3 | 4 | 5 | 6 | 7 | 8 | 9 | 10 | 11 | 12 |

播种
追肥
收获

播种步骤

【材料准备】

胡萝卜种子　空盆　营养土　有机肥料　播种器　水壶　铲子

1 准备好排水性和透气性良好，适合蔬菜生长的花盆一个，深度最好30 厘米以上。

2 向盆中装入适量的营养土，需要整平、压实。土中可以加有机肥料当作底肥。

3 将种子放在播种器中，均匀地撒向土中。

4 播种后，用小水流向种子上浇水，直到盆底有水流出为止。

5 浇水后，再覆上一层薄薄的土，土层厚度 0.5~1 厘米，既能达到遮光的作用又能让种子透气。

小贴士

如图第三步若是直播，播种间距约为 5 厘米，撒播方式播种不用注意间距，待种子发芽后间苗即可。

1 周后

2 周后

30 天后

5 周后

40 天后

9 周后

12 周后

1周后，终于看到大部分种子发芽了。高高低低的小苗像一棵棵小树，慢慢地长成了胡萝卜森林。

2周后，小苗在长大。此时浇水不需过多，不干不浇，浇则浇透。可以晒太阳了。

30天后，小苗开始长出真叶。浇水依然不用太多，保证土壤湿润即可，适当晒晒太阳。

5周后，长势不错。大部分胡萝卜苗都长出了真叶，只是长得过密。此时需要间苗以改善通风条件和营养状况。

40天后，胡萝卜苗长得很茂盛。依然要多晒太阳，浇水时不干不浇，浇则浇透。

9周后，胡萝卜依然在生长着，每一棵苗都在努力地长出一个胡萝卜。

12周后，胡萝卜苗长大了很多，胡萝卜也到了收获的季节。

间苗

❶ 比较密的蔬菜不方便用手间苗时，可以选用镊子来间苗。

❷ 间苗时将弱小的苗拔去，留下健壮的苗。

❸ 间苗后，株距明显变大。经过间苗能够改善胡萝卜苗之间的通风。